Sammlung Schubert LXIV

Geschichte der Mathematik

II. Teil

Von Cartesius bis zur Wende des 18. Jahrhunderts

Von

Dr. Heinrich Wieleitner
Oberstudienrat des Realgymnasiums Augsburg

II. Hälfte

Geometrie und Trigonometrie

Mit 13 Figuren

Berlin und Leipzig
Vereinigung wissenschaftlicher Verleger
Walter de Gruyter & Co.
vormals G. J. Göschen'sche Verlagshandlung — J. Guttentag, Verlagsbuchhandlung — Georg Reimer — Karl J. Trübner — Veit & Comp.

1921

Druck von
C. G. Röder G. m. b. H., Leipzig.
840521.

Ich weiß zu wohl, noch bleibt es unvollendet,
Wenn es auch gleich geendigt scheinen möchte.

GOETHE, Torquato Tasso, I, 3.

VORWORT.

Wohl waren für diesen letzten Teil des im Jahre 1908 von S. GÜNTHER mit dem I. Bande begonnenen Werkes keine schriftlichen Aufzeichnungen von A. v. BRAUNMÜHL mehr vorhanden, und die Quellenstudien des Unterzeichneten, über die das Literaturverzeichnis zum Teil Auskunft gibt, nahmen geraume Zeit in Anspruch. Dennoch war niemals in Aussicht genommen, daß zwischen dem Erscheinen der ersten Hälfte des II. Bandes und dem der zweiten zehn Jahre verstreichen sollten. Wer aber die Kriegszeiten mit erlebte, kennt ihre Hemmungen und Folgen, und wird es mit mir eher noch für ein Glück ansehen, daß das vor dreizehn Jahren begonnene Werk doch jetzt schon seinen Abschluß findet.

Der vorliegende Teilband wurde nach den nämlichen Grundsätzen ausgearbeitet wie der erste. Wo der Verfasser sich nicht auf eigene Untersuchungen stützen konnte, griff er auf die besten zweiten Quellen zurück. Die Richtigkeit der Angaben wurde bei der Korrektur wiederum von Herrn G. ENESTRÖM (Stockholm) in liebenswürdigster Weise geprüft. Ihm, wie Herrn J. TROPFKE (Berlin), der mich ebenfalls bei der Korrektur unterstützte, verdanke ich mehrere wertvolle Bemerkungen und Zusätze. Beiden Herren sei aufs herzlichste gedankt!

Augsburg, im November 1920.

H. Wieleitner.

INHALTSVERZEICHNIS.

Erstes Kapitel.

Analytische Geometrie der Ebene, insbesondere der Kegelschnitte.

Zweites Kapitel.

Analytische Raumgeometrie und Flächen.

Drittes Kapitel.

Höhere Kurven im allgemeinen.

Viertes Kapitel.

Spezielle Kurven.

Fünftes Kapitel.

Differentialgeometrie.

Sechstes Kapitel.

Perspektive und darstellende Geometrie.

Siebentes Kapitel.

Die Anfänge der projektiven Geometrie.

Achtes Kapitel.

Trigonometrie.

Neuntes Kapitel.

Elementargeometrie.

Imo et studiosorum interest latentes ingenii progressus et artem sese ipsam promoventem penitus habere perspectam.

FERMAT

ERSTES KAPITEL.

ANALYTISCHE GEOMETRIE DER EBENE, INSBESONDERE DER KEGELSCHNITTE.

§ 1. Die Grundlegung der analytischen Geometrie durch Fermat und Descartes.

Den ersten Grundpfeiler der analytischen Geometrie bildet PIERRE DE FERMATS Abhandlung: *Ad locos planos et solidos isagoge*, die dem Pariser Mathematikerkreis wohl schon vor 1637 bekannt gewesen ist, aber erst nach dem Tode des Verfassers 1679 in den *Varia Opera* veröffentlicht wurde. Um richtig zu erkennen, welchen Fortschritt damit FERMAT begründete und um seine Leistung gegen die von DESCARTES abwägen zu können, müssen wir möglichst genau den Inhalt der kurzen Schrift angeben, indem wir nur zum Teil die moderne Schreibweise[1]) benutzen, uns aber im übrigen eng an FERMAT anschließen.

Allemal, wenn in einer Schlußgleichung zwei Unbekannte vorkämen, habe man einen Ort, sagt FERMAT ohne weitere Einleitung, der von dem Endpunkt der einen von ihnen beschrieben werde. Die beiden unbekannten Größen nehme man zweckmäßigerweise unter einem festen Winkel an und gebe der einen auf einer festen Geraden einen bestimmten Anfangspunkt (N). Diese eine bezeichnet

---

[1]) Schon in den *Varia Opera* ist nicht mehr die an VIETA anschließende unpraktische Originalschreibweise FERMATS angewendet. Diese ist aber aus dem nach einer alten Abschrift hergestellten Neudruck in den *Œuvres*, Bd. I., zu ersehen.

Fermat dann durchgehends mit NZ und nennt sie A, die andere heißt er ZI und E. Für A und E wollen wir x bzw. y setzen. Dann zeigt Fermat zunächst vermittels ähnlicher Dreiecke, daß die Gleichung $Dx = By$ den Punkt I auf einer Geraden durch N liegen mache. Gezeichnet ist nur der obere Teil der Geraden. Die Koeffizienten sind dabei Strecken; sollen sie Flächen bedeuten, so wird *pl.*[*anum*] beigefügt. Fermat beweist sofort, daß jede Gleichung der Form $Zpl. - Dx = By$ ebenfalls eine Gerade darstellt, indem er $Zpl. = DR$ setzt und wieder Ähnlichkeit anwendet. So sei es mit jeder Gleichung, die nur x und y enthalte. Und er teilt gleich einen Satz mit, den er in Erweiterung eines in des Apollonius *Örtern* (vgl. I, 105) vorkommenden Satzes so ausspricht: „Es seien beliebig viele Gerade gegeben; von einem Punkte aus ziehe man unter gegebenen Winkeln nach ihnen hin Gerade (Strecken); wenn die Summe dieser je mit einer Konstanten (Strecke) multiplizierten Strecken gleich einer gegebenen Fläche ist, so beschreibt der Punkt eine Gerade."

Der »zweite Grad« solcher Gleichungen liege dann vor, wenn $xy = Zpl.$ sei. Diese Gleichung ist nichts anderes, als eine schon in des Apollonius *Kegelschnitten* (I, 100 f.) vorkommende, in die Algebra übersetzte Eigenschaft der Hyperbel. Fermat zeichnet den rechten Winkel des ersten Quadranten (wie wir sagen) und den darin liegenden Ast der (gleichseitigen) Hyperbel. Jede Gleichung, die nur x, y und xy enthalte, lasse sich auf diesen Fall zurückführen, z. B. $Dpl. + xy = Rx + Sy$. Fermat verwandelt diese Gleichung in $(x - S)(R - y) = Dpl. - RS$ und kann jetzt wieder den Satz des Apollonius anwenden. Gezeichnet ist nur ein begrenztes Stück des Hyperbelastes.

Der »folgende Grad« begreife alle Gleichungen in sich, deren Glieder nur x^2, y^2 und xy enthalten. Fermat verbindet den willkürlich angenommenen Punkt I mit dem Anfangspunkt N und zeigt an einem Beispiel durch Proportionalität, daß alle Punkte von NI die Gleichung befriedigen. Der Punkt I liege also auf einer Geraden. Die Mangelhaftigkeit des Verfahrens und die Unvollständigkeit des Ergebnisses liegen hier auf der Hand.

Anders ist es, wenn Fermat hierauf $x^2 = Dy$ setzt; denn hier konnte er nach Apollonius sofort sagen, daß es sich um eine Parabel handle (Fig. 1). Daß der Gleichung $y^2 = Dx$ die in der Figur gestrichelte Parabel entspricht, erkennt er sofort, und er führt eine Gleichung $B^2 - x^2 = Dy$, indem er $B^2 = DR$ setzt, in die Form über: $D(R - y) = x^2$, die, wenn man nur $R - y$ statt y nehme, mit der zuerst angegebenen Form identisch werde. Ähnlich könne man alle Gleichungen behandeln, die x^2 und y enthielten.

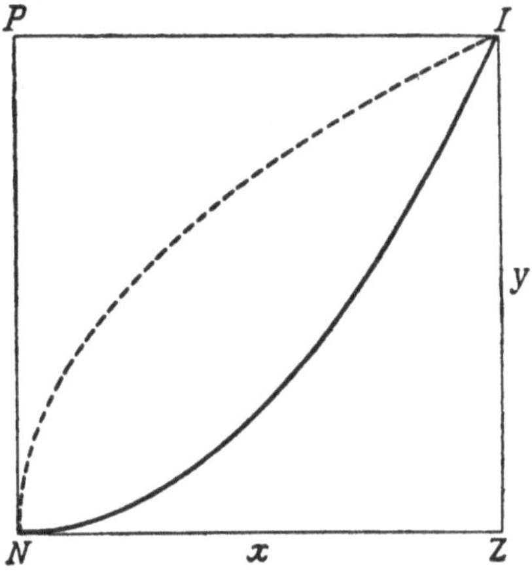

Fig. 1.

Aber x^2 komme auch zusammen mit y^2 und Konstanten vor. Es ist FERMAT natürlich leicht, zu zeigen, daß $B^2 - x^2 = y^2$ einen Kreis vorstellt. Gezeichnet ist ein kleines Stück mehr als der erste Quadrant des Kreises. FERMAT gibt aber gleich ganz richtig die allgemeinen Bedingungen an, daß eine Gleichung einen Kreis darstellt, und behandelt das Beispiel:

$$B^2 - 2Dx - x^2 = y^2 + 2Ry.$$

Er bringt diese Gleichung in die Form, wie wir es etwas kurz schreiben

$$P^2 - (x + D)^2 = (y + R)^2$$

und hat damit, indem er statt $x + D$ wieder x, statt $y + R$ wieder y setzt, die ursprüngliche Form. Ein am Schluß der Abhandlung ausgeführtes Beispiel eines geometrischen Ortes zeigt, daß FERMAT genau wußte, wie Mittelpunkt und Radius eines solch allgemein gelegenen Kreises zu konstruieren sind.

Wenn aber $B^2 - x^2$ zu y^2 in einem gegebenen Verhältnis stehe, so liege der Punkt auf einer Ellipse (Figur fehlt). Das war wieder leicht zu sehen, da nach APOLLONIUS in einer Ellipse das Verhältnis der Ordinatenquadrate zu dem Rechteck aus den Abschnitten ($B + x$ und $B - x$) des Durchmessers konstant sein mußte. FERMAT betont noch ausdrücklich, daß x^2 und y^2, wenn man die Proportion in

Gleichungsform bringe, verschiedene Vorzeichen und verschiedene Koeffizienten haben müßten; letzteres nur dann nicht, wenn der Winkel nicht gleich einem Rechten genommen werde, weil eben der Satz des Apollonius für beliebige konjugierte Durchmesser aufgestellt war. Gleichungen, die auch noch x und y enthielten, würden nach dem vorhin angewandten Kunstgriff auf die einfachste Form gebracht.

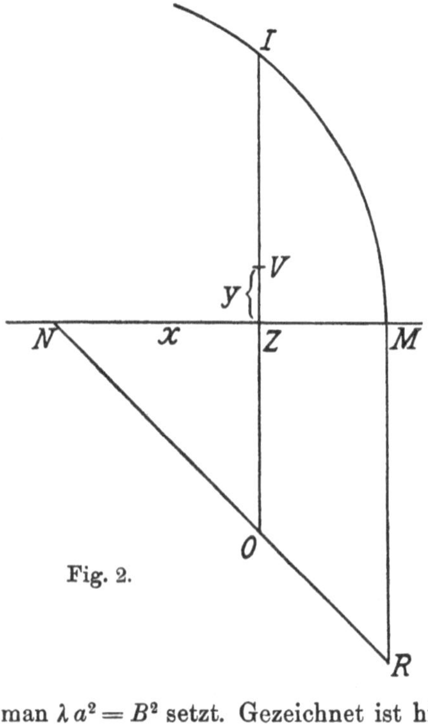

Fig. 2.

Wenn $x^2 + B^2$ zu y^2 in einem gegebenen Verhältnisse stehe, so liege I auf einer Hyperbel. Hier ist für Fermat die Zurückführung auf den entsprechenden Apolloniusschen Satz etwas schwieriger. Wenn wir aber das Wort »Abschnitt« im modernen Sinne nehmen, ist der Satz für die Hyperbel mit dem für die Ellipse gleichlautend, und nach unseren Bezeichnungen muß also, wenn man nur die x als Ordinaten in unseremSinne nimmt, was hier Fermat tut,

$$x^2 = \lambda (y + a)(y - a)$$

sein, und das ist mit der ursprünglichen Forderung identisch, sobald man $\lambda a^2 = B^2$ setzt. Gezeichnet ist hier die ganze Hyperbel. Für Gleichungen, die auch Glieder mit x und y enthielten, gelte das Obige.

Der schwierigste Fall ist natürlich der, wenn außer x^2 und y^2 auch noch Glieder mit xy vorkommen, und Fermat bezeichnet ihn auch als solchen. Als Beispiel nimmt er die Gleichung

$$B^2 - 2x^2 = 2xy + y^2.$$

Diese bringt er auf die Form

$$B^2 - x^2 = (x + y)^2$$

und indem er nun (Fig. 2) NZ für x, ZI für $x + y$ nimmt, beschreibt I einen Kreis. Es ist jetzt die Frage, was für einen Ort der Punkt V beschreibt, wenn man $IV = NZ$ macht. FERMAT zeichnet das gleichschenklig-rechtwinklige Dreieck NMR und beweist in umständlich-antiker Weise, daß dann das Verhältnis von VO^2 zu $NR^2 - NO^2$ konstant sei. Dann liegt aber V nach dem oben angeführten Satze auf einer Ellipse mit der einen Halbachse NR, zu der die Richtung OV konjugiert ist. Wir sehen sofort, daß $NR^2 - NO^2 = 2(B^2 - x^2)$, und da $VO = x + y$, so ist das konstante Verhältnis gleich $\frac{1}{2}$. Auf ähnliche Weise, sagt FERMAT, könne man auch alle anderen Fälle behandeln. Das ist freilich richtig; aber man möchte doch wünschen, FERMAT hätte das an einem etwas weniger zurechtgemachten Beispiele gezeigt. FERMAT schließt, indem er sagt, nun sei alles, was die Alten an den geometrischen Örtern noch zu tun übriggelassen hätten, geleistet und alles Weitere in dieser Materia sei ohne Mühe zu machen. Höhere (»lineare«) Örter könnten ja, das hat er schon eingangs seiner Arbeit gesagt, durch Reduktionen leicht auf »ebene« (d. s. Gerade und Kreis) und »körperliche« Örter (d. s. Ellipse, Parabel, Hyperbel) zurückgeführt werden.

Ob DESCARTES von dieser Arbeit oder wenigstens von ihren Ergebnissen und der FERMATschen Methode Kenntnis erhielt, wissen wir nicht. Jedenfalls ist das, was DESCARTES in seiner *Géométrie* bietet (1637; vgl. II1, 5), so völlig anders geartet, daß von einem Sichstützen auf FERMAT bei DESCARTES keine Rede sein kann. DESCARTES gibt in seiner *Géométrie* einesteils weniger, anderenteils aber viel, viel mehr. Weniger insofern, als sich eine solche Zusammenstellung der einfachsten Gleichungen samt ihrem geometrischen Bild bei DESCARTES nicht findet, mehr aber, indem DESCARTES zu gleicher Zeit, wie wir an verschiedenen Stellen des vorigen Teilbandes ausgeführt haben (bes. S. 5 u. S. 29), die Algebra der Form und dem Wesen nach verbesserte, das Verhältnis zwischen ihr und der Geometrie umkehrte, indem er die Algebra an die Spitze stellte, um dann die mit ihrer Hilfe gefundenen Örter schließlich wieder zur graphischen Lösung von algebraischen Gleichungen zu verwenden (II₁, 55/56). Das Fehlen einer systematischen Zusammenstellung darf man DESCARTES wohl kaum als einen wirklichen, wissenschaftlichen Nachteil gegenüber FERMAT anrechnen. Denn einerseits sagt DESCARTES an mehreren Stellen der *Géométrie* und des Briefwechsels, daß er in ihr nur Andeutungen seines neuen Verfahrens geben wollte, die er sogar öfters absichtlich dunkel gehalten habe (vgl. II₁, 56), andererseits war es auch für einen nicht gerade schöpferisch veranlagten Mathematiker, wenn er nur DESCARTES' *Géométrie* verstehen konnte, nicht schwer, eine Zusammenstellung und Deutung der einfachsten Gleichungsformen zu geben. In der Tat hat das auch, bald nach dem Erscheinen der *Géométrie*, DESCARTES' Freund F. DEBEAUNE getan (s. u. S. 15).

Unser allgemeines Urteil wollen wir nun durch eine genaue Inhaltsangabe des für seine Zeit großartigen Werkes stützen. DESCARTES beginnt mit der Behauptung, daß jedes geometrische Problem schließlich auf die Kenntnis der Länge, bzw. die Konstruktion gewisser Strecken hinauslaufe. Er meint damit nichts anderes, als die algebraische Berechnung unbekannter Strecken (z, y, x) aus gegebenen Stücken (a, b, c usw.) und die Konstruktion der Strecke z, nachdem alle anderen Unbekannten weggeschafft sind, aus der für z erscheinenden Schlußgleichung. Diese algebraisch-geometrische Lösung geometrischer Aufgaben hatte schon VIETA eingeleitet (*Effectionum geometricarum canonica recensio*, ca. 1593[1])), wenn man von früheren Versuchen BENEDETTIS (*Diversarum speculationum math. et phys. liber;* Taurini 1580) absieht. P. A. CATALDI (vgl. I, 347) trat in VIETAS Fußstapfen im III. Teil seiner *Algebra discorsiva* (Bologna 1618). Aber alle diese Verfasser leisteten eigentlich nicht viel mehr, als daß sie geometrische Konstruktionen für die Gleichungslösungen angaben. Die algebraische Analysis wirklicher Aufgaben behandelte wohl zum ersten Male ausführlicher M. GHETALDI in seinen Werken *Variorum problematum collectio* (Venetiis 1607) und *De resolutione et compositione mathematica* (Rom 1630). GHETALDI schloß sich in Ausdrucks- und Bezeichnungsweise ganz an seinen

[1]) Das Original erschien ohne Jahreszahl, Druckort- und Verlegerangabe (vgl. I, 358).

Lehrer VIETA an. Das zuletzt genannte große Werk (343 S. fol.) bringt ziemlich wahllos und ungleichmäßig[1]) Streckenteilungen, Dreieckskonstruktionen und Einschiebungsaufgaben. Auf GHETALDI folgte W. OUGHTRED in der *Clavis mathematicae* (1631; vgl. II1, 1), der sich in der Wahl der Aufgaben an GHETALDIS erstgenannte Schrift anschloß, aber in der algebraischen Fassung einen wesentlichen Schritt vorwärts tat.

Solche elementare Aufgaben behandelt nun DESCARTES nicht, wohl aber bringen seine Kommentatoren (vgl. u. S. 16) mehrfach Beispiele dieser Art. Es ist ihm vielmehr um Probleme zu tun, bei denen man weniger Gleichungen findet, als Unbekannte eingeführt werden mußten. Das zeige, sagt er, daß das Problem nicht ganz bestimmt sei, und man könne dann beliebige Strecken für alle diejenigen Unbekannten nehmen, denen keine Gleichung entspricht. Und nun kommt er bald zu dem Problem des PAPPUS (etwa 3. Jahrh. n. Chr.; I, 152), das sich wie ein roter Faden durch das ganze Werk zieht. Es ist dies der »Ort zu drei, vier (oder mehr) Geraden«, den schon APOLLONIUS für gewisse Fälle angegeben hatte: Gegeben eine Anzahl von drei, vier (oder mehr) Geraden; den Ort eines Punktes zu suchen, von dem aus an jede der Geraden je eine schiefe Strecke unter gegebenem Winkel gezogen werden kann, so zwar, daß bei drei Geraden das Rechteck zweier solchen Strecken zum Quadrat der dritten ein gegebenes Verhältnis habe, bei vier Geraden das Rechteck zweier Strecken zum Rechteck der beiden anderen usf. Die Alten wußten nun schon, daß bei drei oder vier Geraden der Ort ein Kegelschnitt ist, wenn sie auch keine näheren Angaben über seine Art und Lage machten. Bei mehr als sechs Geraden trat aber die Schwierigkeit auf, daß, wie wir sagen und wie es auch DESCARTES sofort ausdrückte, das Produkt von vier und mehr Strecken keinen geometrischen Sinn mehr hatte. PAPPUS weist daher auf die Notwendigkeit hin, in diesen Fällen mit »zusammengesetzten Verhältnissen« zu arbeiten, teilt aber keine Ergebnisse mit.

[1]) Z. B. nimmt die Aufgabe, zwischen zwei Halbkreise mit auf derselben Geraden liegenden Durchmessern eine Strecke von gegebener Länge so einzuschieben, daß ihre Verlängerung durch den Endpunkt des einen Durchmessers geht, allein 130 Seiten ein.

DESCARTES greift nun diese Aufgabe folgendermaßen an. Er gibt vier Gerade AB, AD, EF, GH und nimmt die Aufgabe für einen Punkt C als gelöst an, so daß CB, CD, CF, CH die vier der gegebenen Bedingung genügenden Strecken und die Winkel bei B, D, F, H gegeben sind (Fig. 3). Aus diesen vielen Linien greift nun DESCARTES eine der gegebenen und eine der gesuchten heraus, AB und CB, und bezieht auf sie die anderen. Er nennt AB x und BC y, verlängert alle anderen gegebenen Geraden

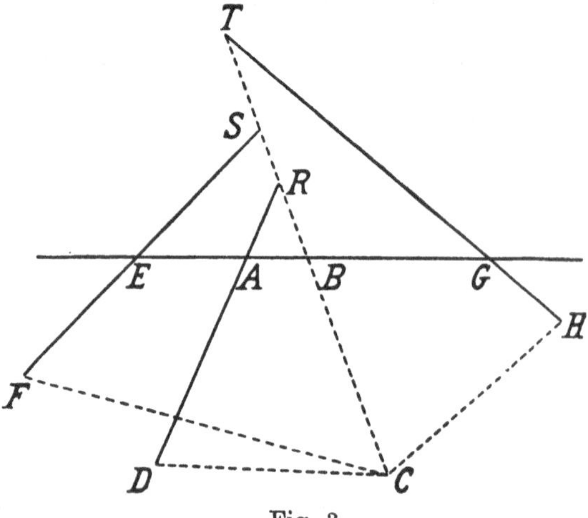

Fig. 3.

bis zum Schnitt mit den zwei Bezugsgeraden und setzt $AE = k$, $AG = l$. In den Dreiecken der Figur sind nun alle Winkel bekannt, so daß es möglich ist, alle Strecken mittels x, y, k, l auszudrücken. Da aber DESCARTES den Sinussatz nicht verwendet, so setzt er, was er freilich in Worten ausdrückt, $AB:BR = z:b$, $CR:CD = z:c$, $BE:BS = z:d$, $CS:CF = z:e$, $BG:BT = z:f$, $CT:CH = z:g$, so daß alle diese gegebenen Verhältnisse dasselbe Vorderglied z haben. Jetzt können wir dem Leser überlassen, nacheinander zu berechnen, daß $BR = \frac{bx}{z}$, $CR = y + \frac{bx}{z}$, $CD = \frac{cy}{z} + \frac{bcx}{z^2}$, $BS = \frac{dk + dx}{z}$, $CS = \frac{zy + dk + dx}{z}$, $CF = \frac{ezy + dek + dex}{z^2}$,

$BT = \frac{fl - fx}{z}$, $CT = \frac{zy + fl - fx}{z}$ und schließlich

$$CH = \frac{gzy + fgl - fgx}{z^2}.$$

Der moderne Leser wird ja nicht übersehen, daß die Ausdrücke für CD, CF, CH den Abständen von den Geraden AD, EF, GH und somit den linken Seiten der Gleichungen dieser Geraden in dem Koordinatensystem mit der x-Achse AB und dem Anfangspunkt A, sowie der Richtung der y-Achse BC, proportional sind.

Descartes kann jetzt darauf hinweisen, daß sein Verfahren, die Abstände CD usw. zu berechnen, gleichgültig, wieviel Gerade gegeben seien, immer auf einen, wie wir kurz sagen, linearen Ausdruck in x, y führt, so daß sich das Problem bei 3, 4 und auch noch bei 5 Geraden als ein »ebenes« ergibt, d. h. daß bei beliebig angenommenem y das zugehörige x sich mit Zirkel und Lineal (aus einer quadratischen Gleichung) konstruieren läßt. Und wenn man, sagt Descartes, nacheinander unendlich viele verschiedene Größen der Strecke y annimmt, so findet man ebenfalls unendlich viele für die Strecke x und erhält so eine unendliche Menge von Punkten C, mit deren Hilfe man die gesuchte Kurve beschreiben kann. Descartes übersieht nicht, daß bei 5 parallelen Geraden das Problem nicht mehr eben ist und gibt die Dimension der Aufgabe an für größere Anzahlen von gegebenen Geraden. Damit schließt er das erste Buch der *Géométrie* ab.

Nun unterbricht Descartes die Behandlung der Aufgabe des Pappus und beginnt das zweite Buch mit allgemeinen Ausführungen über die Arten und die Einteilung der Kurven (s. S. 61/62). Wir heben vorderhand daraus nur hervor, daß er sagt, die Punkte jeder Kurve hätten eine gewisse Beziehung zu allen Punkten einer Geraden, und diese Beziehung könne (mittels zweier »unbestimmten Größen«) durch eine Gleichung ausgedrückt werden, die für jeden Punkt die nämliche sei. Um das besser verständlich zu machen, betrachtet er einen geometrischen Ort, der eine Hyperbel ist, wählt zur Aufstellung der fraglichen Gleichung eine Gerade AB, um „auf deren verschiedene Punkte die Punkte der gesuchten Kurve zu beziehen“, und beginnt die Rechnung auf der Geraden AB vom Punkte A aus. Die Gerade AB und der Punkt A sind zwar möglichst zweckmäßig gewählt, aber DESCARTES läßt durchblicken, er könne beweisen, daß auch bei anderer Wahl die Dimension der Kurve nicht geändert würde. Die Gleichung, die er schließlich findet, lautet: $y^2 = cy - \frac{cxy}{b} + ay - ac$. Wir führen sie deswegen an, weil dies die erste in der uns geläufigen Form geschriebene Gleichung eines Kegelschnittes ist (x und y sind hier sogar rechtwinklig zueinander).

Erst nach weiteren Bemerkungen allgemeiner Art kehrt DESCARTES zur Aufgabe des PAPPUS zurück und indem er annimmt, das Produkt von CB und CF solle dasselbe sein wie für CD und CH, findet er die Gleichung:

$$y^2 = \frac{(cfglz - dckz^2)y - (dez^2 + cfgz - bcgz)xy + bcfglx - bcfgx^2}{ez^3 - cgz^2}$$

Diese bringt er sofort in die einfachere Form

$$y^2 = 2my - \frac{2n}{z}xy + \frac{bcfglx - bcfgx^2}{ez^3 - cgz^2}$$

und löst sie auf

$$y = m - \frac{nx}{z} + \sqrt{m^2 - \frac{2mnx}{z} + \frac{n^2x^2}{z^2} + \frac{bcfglx - bcfgx^2}{ez^3 - cgz^2}}$$

oder wieder mit Abkürzungen

$$y = m - \frac{n}{z}x + \sqrt{m^2 + ox + \frac{p}{m}x^2}.$$

Das bezeichnet er als Länge von BC, wenn AB oder x unbestimmt angenommen wird.

Diese Gleichung diskutiert sodann DESCARTES in ganz ausführlicher Weise, auch mit Berücksichtigung der Vorzeichen der Strecken m, n, o, p, wie er auch schon bei Ableitung der Ausdrücke für die Längen der schiefen Abstände auf die verschiedenen möglichen Lagen und die dadurch bedingten Vorzeichenänderungen hingewiesen hatte. Sein Verfahren, wie das seiner Nachfolger im 17. Jahrhundert und darüber hinaus, besteht einfach darin, die Strecken, die durch m, $\frac{n}{z}x$ und den Wurzelausdruck dargestellt werden, als konstruiert anzunehmen und gemäß den Vorzeichen aneinander zu setzen. Dabei bemerkt DESCARTES wohl, daß der Punkt C, wenn der Wurzelausdruck Null wird, sich auf der den ersten zwei Gliedern der rechten Seite allein entsprechenden Geraden befindet, sowie, daß auch dann, wenn die Wurzel aufgeht, der Punkt C sich auf einer anderen Geraden befände, die ebenso leicht zu finden wäre. Es ist also gewiß unrichtig, zu sagen, die Gleichung der Geraden finde sich gar nicht in der *Géométrie*, wenn sie auch nicht selbständig als solche auftritt. Erst DEBEAUNE (vgl. S. 15) hat den Satz, daß jede lineare Gleichung in x, y eine Gerade vorstellt, im Druck veröffentlicht.

Ist der Ausdruck unter der Wurzel weder Null noch ein vollständiges Quadrat, so zeigt DESCARTES, indem er sich auf APOLLONIUS stützt, daß der Ort des Punktes C ein Kegelschnitt ist, dessen (einer) Durchmesser auf der durch $y = m - nx/z$ dargestellten Geraden liegt, während der Wurzelausdruck die in der Richtung des konjugierten Durchmessers gezogene Ordinate (»appliquée par ordre«; vgl. S. 44) darstellt, und er gibt genau an, für welche Werte der Koeffizienten sich eine Parabel, eine Ellipse bzw. ein Kreis oder eine Hyperbel ergibt. Er findet die Lage des Mittelpunktes, die Länge der beiden konjugierten Durchmesser, kurz die richtige Lage und Größe des ganzen Kegelschnittes. Die Gleichung lautet ja im Wesen nicht anders, als wenn wir sie in etwas modernerer Weise aufgestellt hätten. Es mag nur auffallen, daß DESCARTES so sehr auf die Wahrung der Homogeneität bedacht ist, obwohl er gleich zu Anfang des ersten Buches erklärt hatte, er betrachte auch a^2, b^3 oder ähnliche Ausdrücke als Strecken, da sie nach Einführung einer Einheitsstrecke als solche konstruiert werden könnten (vgl. II1, 5). Das ist aber damit zu erklären, daß er die Aufgabe immer als algebraisch-geometrische Konstruktion der Strecke y auffaßt, wenn er sich freilich hütet, diese Konstruktion auszuführen. Wie wenig ihm aber in Wirklichkeit an der Homogeneität, auf die vor ihm das größte Gewicht gelegt worden war, liegt, zeigt er gleich nach Beendigung der Diskussion, indem er ein Zahlenbeispiel gibt — eine Idee, die FERMAT, wie dem ganzen VIETAschen Gedankenkreis, so fern als nur möglich lag, da diese auch in den algebraischen Gleichungen nur die Sinnbilder geometrischer Operationen sahen. DESCARTES setzt $EA = 3$, $AG = 5$, $AB = BR$, $BS = \frac{1}{2} BE$, $GB = BT$, $CD = \frac{3}{2} CR$, $CF = 2\,CS$, $CH = \frac{2}{3} CT$ und $\sphericalangle ABR = 60^0$, so daß sich die Gleichung ergibt $y^2 = 2y - xy + 5x - x^2$ oder aufgelöst $y = 1 - \frac{1}{2}x + \sqrt{1 + 4x - \frac{3}{4}x^2}$. Die einzelnen Bestimmungsstücke des Kegelschnitts sind also jetzt durch Zahlen, und zwar im allgemeinen durch Irrationalzahlen ausgedrückt.

DESCARTES stellt nun noch die Gleichung derjenigen Kurve (3. Ordg.; NEWTONS Dreizack) auf, die den Ort des Punktes C darstellt, wenn fünf Gerade gegeben sind und zwar darunter vier parallele in gleichen Abständen und die fünfte senkrecht dazu, und wenn das Produkt der Abstände von dreien der parallelen Geraden gleich sein soll dem Produkt der beiden anderen Abstände und einer gegebenen Strecke. Es folgt sodann die Auseinandersetzung über die Konstruktion der Normale (II1, 118), die auf die Konchoide des NIKOMEDES (freilich ohne Angabe der Rechnung) und auf die hier zum ersten Male auftretenden Ovale angewendet wird, die jetzt DESCARTES' Namen tragen (s. u. S. 14 u. S. 83). Dabei kommt ein System von Bipolarkoordinaten zur Verwendung. Das 3. Buch enthält die auch schon im vorigen Teilband (S. 54f.) geschilderten Methoden zur algebraischen und graphischen Lösung der Gleichungen.

Wie aus dem näher ausgeführten Beispiel und aus mehreren anderen Stellen des 2. Buches der *Géométrie* hervorgeht, faßt DESCARTES die Gleichung in x, y als Ausdruck der Beziehung der Punkte der Kurve, die als einfacher Zweig gedacht wurde, zu den Punkten einer Geraden auf. Die Beziehung wird hergestellt gedacht durch untereinander parallele Strecken, die bei unserem Beispiel y genannt wurden und im allgemeinen schief zur Bezugsgeraden laufen. Auf der letzteren nimmt DESCARTES einen Ausgangspunkt der Zählung für die x an, den er gewöhnlich mit A bezeichnet. DESCARTES macht aber keinen konsequenten Unterschied im Gebrauche von x und y und bevorzugt auch für die Bezugsgerade keine bestimmte Richtung. Im 3. Buch, wo man dächte, daß DESCARTES' Absichten am deutlichsten hervortreten müßten, gibt er die Gleichungen der zwei benutzten Kurven (vgl. II1, S. 55/56) überhaupt nicht an, sondern nur ihre Konstruktion. Die Unbekannte der algebraischen Gleichung nennt er dabei gewöhnlich z und die Lösungen sind so, daß die z nach unserer Ausdrucksweise immer die Ordinaten sind. Dabei gibt es natürlicherweise Schnittpunkte auf beiden Seiten der Bezugsgeraden und DESCARTES nimmt richtig die Ordinaten der einen Seite für die wahren, die der andern für die falschen (d. h. negativen; vgl. II1, 30) Wurzeln der Gleichung.

Wenn wir demnach DESCARTES' Koordinaten mit denen FERMATS vergleichen, so haben wir zwar nicht ganz dieselbe Auffassung, aber im Grunde doch dasselbe Ergebnis, nämlich in unseren Worten hier wie dort eine Abszissenachse mit einem Anfangspunkt und parallele, im allgemeinen schiefe Ordinaten. Freilich kommt bei DESCARTES ein paarmal die Figur 4 vor, und er sagt, er setze CB oder $MA = y$, CM oder $AB = x$. Ja DEBEAUNE, sein erster Kommentator, versteigt sich schon, indem er eine ähnliche Figur benützt, zur Vertauschung von x und y in der Gleichung $x^2 = by$ (ähnlich wie FERMAT; s. S. 3). Aber diese Verwendung einer zweiten Achse ist nur gelegentlich und durch die Figur unmittelbar begründet. Ihr Mangel hat vielmehr noch auf lange hinaus (vgl. u. S. 34f.) die Entwickelung der analytischen Geometrie erschwert.

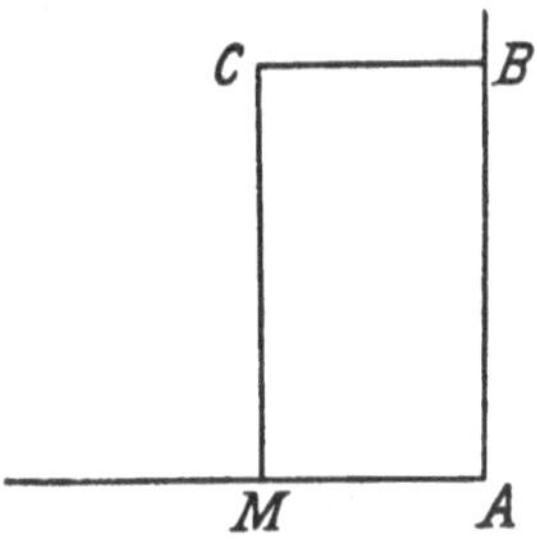

Fig. 4.

Über den Zeitpunkt, wann alle diese weittragenden Neuerungen in DESCARTES' Kopfe entstanden sind, haben wir einige Anhaltspunkte. Im Oktober 1628 sagte er nämlich schon zu seinem Freunde ISAAK BEEKMANN, er habe in den letzten neun Jahren in der Arithmetik und Geometrie solche Fortschritte gemacht, daß er nichts weiter mehr zu wünschen habe, und er gab ihm die Regel an, wie man mittels einer Parabel alle Gleichungen 3. und 4. Grades konstruieren könne. In der Tat hatte DESCARTES um jene Zeit auch das Brechungsgesetz entdeckt und suchte mit Hilfe der Mathematik die zweckmäßigste Form der Linsen für Fernrohre zu ergründen. Diese Frage führte ihn auf die jetzt nach ihm benannten Ovale, und es ist ein Bruchstück über diese erhalten (zuerst veröffentlicht in den *Opusc. posth.*, Amstel. 1701), das in eben jene Zeit zu verlegen ist. In diesem Bruchstück führt DESCARTES schon eine Abszisse x ein, während die Ordinate, die er benutzt, noch keine eigene Bezeichnung hat, y hingegen eine Parametergröße bedeutet, die später in der *Géométrie* mit z bezeichnet wurde. Man weiß ferner, daß DESCARTES etwa im Jahre 1631 durch den Orientalisten JAK. GOOL auf das Problem des PAPPUS hingewiesen wurde. In einem Brief an GOOL vom Januar 1632 deutet er die Lösung an, indem er mitteilt, daß er sie durch Rechnung gefunden habe. So kann man verstehen, wie im Jahre 1637 das ganze algebraisch-analytische Gebäude so gesichert in seinem Kopfe stand, daß er in unberechtigter Überhebung die Alten geringschätzte und ähnlich wie FERMAT glaubte, auf dem Gebiete alle Hauptsachen erledigt zu haben.

§ 2. Descartes' Zeitgenossen und Nachfolger.

Für die Zeitgenossen war DESCARTES' *Géométrie* sehr schwer verständlich. Der Verfasser selbst bemühte sich daher schon im nächsten Jahre, ein Manuskript, das er in seinen Briefen *Introduction* nennt und von dem man nur ein unvollständiges Exemplar mit dem Titel *Calcul de Mons. Des Cartes* kennt, zu verbreiten (gedruckt erst 1896; in den *Œuvres*, Bd. X). Verfaßt ist dieser *Calcul* von einem nicht genau bestimmbaren Freunde DESCARTES'. Er enthält zunächst eine knappe Einleitung in DESCARTES' algebraische Rechenweise, sodann drei algebraisch-geometrische Dreiecksaufgaben und eine analytisch-geometrische Bestimmung eines auf APOLLONIUS zurückgehenden Ortes. Aus dem Briefwechsel geht hervor, daß die Schrift noch die algebraische Behandlung der Aufgabe enthalten haben muß, an vier gegebene Kugeln eine Berührungskugel zu legen. Eine ausführlichere algebraische Einleitung zur *Géométrie* hat nach Mitteilungen F. VAN SCHOOTENS E. BARTHOLINUS zusammengestellt und 1651 zu Leiden unter dem Titel *Francisci à Schooten Principia Matheseos universae etc.* herausgegeben. Die letztere Schrift wurde der zweiten (1659/61) und den folgenden lateinischen Ausgaben (1683, 1695[1])) der *Geometria* beigefügt.

Wegen der Schwierigkeit von DESCARTES' *Géométrie* verdienen besonders die eigentlichen Kommentare zur *Géométrie* ernste Würdigung. Der eine von DEBEAUNE, auf den wir im Bande II1 öfters und auch hier schon hinwiesen (s. S. 6), waren dessen *Notae breves*, die von F. VAN SCHOOTEN der ersten lateinischen Ausgabe der *Géométrie* von 1649 ebenfalls in lateinischer Übersetzung (und den übrigen lateinischen Ausgaben in unveränderter Gestalt) beigefügt wurden. Sie waren vom Verfasser eigentlich nicht zur Veröffentlichung bestimmt worden. Doch glaubte SCHOOTEN, sie seien geeignet, einiges Licht in die *Géométrie* zu bringen, und diesen Zweck dürften sie auch damals erfüllt haben. DEBEAUNE hatte seine Anmerkungen schon 1639 an DESCARTES gesandt, und wir wissen, daß dieser sie günstig beurteilte. DEBEAUNE führt zunächst die ersten Gedanken und Konstruktionen DESCARTES' weiter aus, geht aber dann gleich zu der allgemeinen Gleichung zweiter Ordnung über und betrachtet die Fälle, wo in dieser einzelne Koeffizienten 0 sind, so die Hyperbel $y^2 = xy + xb$, die Parabel $y^2 = -2dy + bx$, den Kreis (oder die Ellipse) $y^2 = bx - x^2$, indem er im Text immer einen beliebigen Winkel zwischen x und y voraussetzt. Als neue Beispiele gibt er den Ort eines Punktes D, dessen Abstände DA und DB von den Endpunkten einer Strecke AB sich wie zwei gegebene Strecken e und f verhalten, d. i. den Apollonischen Kreis, sowie die den DESCARTESschen Betrachtungen fernliegende Gleichungsform $xy + bx + cy - df = 0$ der Hyperbel, für welche er gemäß dem Verschwinden von b, c, d und dem Wechsel der Vorzeichen 17 Fälle aufstellt. Dazwischen macht er die Bemerkung, wenn x^2, y^2 und xy in der Gleichung fehlten, so sei die Linie ebenfalls »ersten Geschlechtes« (»genre«; vgl. u. S. 62 u. II1, 55), aber nicht krumm, sondern eine Gerade. Geometrisch ist in den *Notae breves* nur noch die Bestimmung der Tangente, die an dem Beispiel $bx + yx = y^2$ durchgeführt und mit der

[1]) In dieser letzten Ausgabe (s. u. S. 26) beginnt der Titel sogar mit *Renati des Cartes Principia Matheseos universae*.

DESCARTESschen Methode verglichen wird (vgl. II1, 118). Auch bei DEBEAUNE haben x und y keine ausgezeichneten Richtungen; er nimmt sogar in zwei Fällen x als abhängige Variable und spricht allgemein davon, daß man gegebenenfalls die Variablen vertauschen solle. Im übrigen schließt er sich eng an sein Vorbild an.

Die größten Verdienste um die Ausbreitung der DESCARTESschen „ars analytica"[1]) erwarb sich wohl SCHOOTEN, einerseits schon durch die lateinische Übersetzung der *Géométrie*, die in 4 Auflagen im 17. Jahrhundert erschien, andererseits und vielleicht noch mehr dadurch, daß er in Wort und Schrift DESCARTES' Methode vertrat. Nachdem wir seine algebraische Einleitung zur *Géométrie* schon gestreift haben (s. S. 14), wollen wir zunächst ein Wort sagen über die *Commentarii*, die er der lateinischen Ausgabe von 1649 schon beigab, 1659 aber nicht unwesentlich erweiterte (vgl. II1, 30). Diese *Commentarii* sind wesentlich umfangreicher als DEBEAUNES *Notae* und bringen besonders in der zweiten Gestaltung auch einiges Neue. Sonst ergänzen und beleuchten sie DESCARTES' Darstellung in den unausgeführten oder dunklen Stellen. Beispielsweise bringt SCHOOTEN mehrere algebraisch-geometrische Aufgaben, sowie mehrere Örter in analytisch-geometrischer Form, unter letzteren auch eine Ellipsenerzeugung, die er seinem Buche *Organica conicarum sectionum in plano descriptio* (Lugd. Bat. 1650) entnommen hatte. Zur DESCARTESschen Konstruktion der Konchoidennormale (s. S. 12) lieferte er einen Beweis. Die Wendepunkte der Konchoide errechnet und konstruiert er in Anlehnung an die von CHR. HUYGENS im Anhang zu seiner Schrift *De circuli magnitudine inventa* (Lugd. Bat. 1654) gegebene Darstellung und auf Grund einer Mitteilung von H. VAN HEURAET.

Die Gleichung einer Geraden kommt bei SCHOOTEN 1649 noch nicht vor, obwohl er die Aufgabe, den »Ort zu zwei Geraden« (vgl. S. 7) zu finden, algebraisch-konstruktiv behandelt. In der Ausgabe von 1659 tritt aber $y = a - x$ als Ortsgleichung auf. Dort leitet er auch die Grundgleichungen der drei Kegelschnittarten in der Form $rx = yy$ und $\frac{acqx \pm acxx}{bb} = yy$ direkt aus dem

[1]) Dieser Ausdruck stammt offenbar schon von VIETA.

Kegel ab, worin ihm allerdings schon WALLIS vorausgegangen war (s. S. 20). Er zeigt auch, wie man einen Kegel findet, der eine gegebene Parabel, Ellipse oder Hyperbel enthält. Die Transformation der Koordinaten hatte DESCARTES nur angedeutet (vgl. S. 10). SCHOOTEN gibt bei rechtwinkligen Koordinaten die Formeln (vgl. Fig. 5, wo $AB = x$, $BC = y$, $DA = a$, $AF = b$), $DG = \frac{a^2 + ax - by}{\sqrt{a^2 + b^2}}$ und $CG = \frac{ab + bx + ay}{\sqrt{a^2 + b^2}}$. Die bloße Verschiebung des Anfangspunktes auf derselben Achse kennt er natürlich auch und er verwendet beides, um die Hyperbel $y^2 = cy - \frac{cx}{y} b + ay - ac \, (x \perp y)$ zuerst auf $y^2 = \frac{cx}{b} y - ac \, (x \perp y)$ und dann auf $y^2 = \frac{c^2 x^2}{4 b^2} - ac$ (konj. Durchmesser) zu transformieren. Die ebenfalls von HUYGENS angegebene Konstruktion der (drei) Normalen von einem Punkte aus an eine Parabel mit Hilfe von Zirkel und Lineal teilt er mit. Außerdem enthalten die *Commentarii* noch einiges über die gemeine und die verallgemeinerten Zykloiden, und daneben viel rein Algebraisches (vgl. II1, 57).

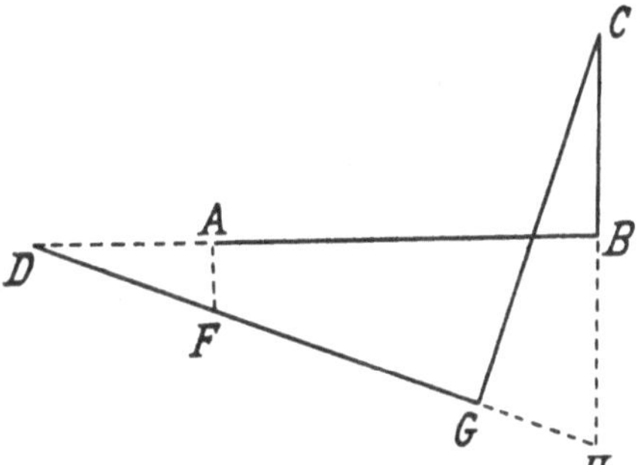

Fig. 5.

Auch in den 5 Büchern der *Exercitationes mathematicae* (Lugd. Batav. 1656/7) hat SCHOOTEN an verschiedenen Stellen den algebraischen Kalkül auf arithmetische und geometrische Probleme angewendet. In seiner Wiederherstellung der Örter des APOLLONIUS, die das 3. Buch füllt und im ganzen in antiker Art gehalten ist, hat er z. B. gerade die schwierigeren Fälle mittels der DESCARTESschen Methode behandelt. Hierbei kommt gelegentlich, was besonders erwähnt sei, auch eine lineare Gleichung für einen Ort vor, die ausdrücklich als Gleichung einer Geraden bezeichnet wird. Das 4. Buch bildet einen Abdruck der schon S. 16 erwähnten Schrift über Kegelschnitterzeugung durch Mechanismen. Diese Erzeugungen (vgl. auch B. Bramer, *Apollonius Cattus*, Cassel 1634) hatten durch Descartes, auf den sich auch der heute übliche Ausdruck »Gärtnerkonstruktion der Ellipse« zurückführen läßt (*La dioptrique*, Leiden 1637, vgl. I, 5), eine starke Förderung erfahren[1]) (s. S. 61/62). Obwohl sie nicht analytisch ist, enthält Schootens Schrift über Erzeugung der Kegelschnitte doch mancherlei Bemerkenswertes, z. B. den allgemeinen Satz, daß bei Bewegung der Endpunkte einer Strecke auf zwei Geraden, jeder beliebige mit der Strecke starr verbundene Punkt einen Kegelschnitt beschreibt[2]). Auch das 5. Buch, das vermischte Untersuchungen enthält, bringt Analytisch-Geometrisches. Schooten gibt im Anschluß an Mitteilungen von Hudde eine Reihe von Konoiden an, deren Schnitte Kurven immer höheren Grades ergeben. Die Gleichungen dieser Kurven stellt er auf. Da aber (vgl. II. Kap., § 2) die Konoide als begrenzte Körper aufgefaßt werden, erhält Schooten natürlich sowohl von den zugrunde gelegten Flächen, als auch von den durch die Gleichungen dargestellten Kurven nur Stücke. Auch gibt er hier nach Huddes Methode der Maxima und Minima (vgl. II1, 62, 119) die Ableitung der ihm von jenem mitgeteilten größten Breite des Descartesschen Blattes, mit der ausdrücklichen Bemerkung, er sehe nicht, wie man Ähnliches ohne Algebra machen könne. Noch in seiner letzten Schrift *Tractatus de concinnandis demonstrationibus geometricis ex calculo algebraico*, die von seinem Bruder Peter herausgegeben und dem zweiten Bande der zweiten lateinischen Ausgabe der *Geometria* (1661) angefügt wurde, will er denjenigen, die bis dahin noch nicht in die algebraische

---

[1]) Die Konstruktion mittels einer Schnur um die Brennpunkte wirklich angegeben hat bereits der Byzantiner Anthemios (6. Jahrh. n. Chr.). Die entsprechende Fadenkonstruktion der Hyperbel stammt von Guidubaldo del Monte, *Planisphaeriorum universalis theorica*, Pisauri 1579.

[2]) Für einen Punkt der Strecke selbst ist der Satz schon antik (vgl. I, 159/60).

Behandlung der Geometrie eingedrungen waren, den Nutzen einer solchen gegenüber der alten Methode dartun, und zugleich zeigen, wie beides eigentlich übereinstimme, indem man jederzeit aus der algebraischen Analysis der Aufgabe durch Umkehrung des Gedankengangs und durch andere Ausdrucksweise einen synthetischen Beweis mittels Proportionen herstellen könne.

Von den verhältnismäßig kurzen Ausführungen über Aufstellung von Ortsgleichungen, die ROBERVAL in einer großen Abhandlung über geometrische Gleichungsauflösung macht (vgl. II1, 111), ist wenig Bemerkenswertes zu berichten. Auch ROBERVAL schließt sich an DESCARTES an (kleine Buchstaben, Gleichheitszeichen, Definition der Gleichung eines Ortes), wenn er auch nicht x und y, sondern e und a für Abszisse bzw. Ordinate benutzt. Er stellt mittels der bekannten APOLLONIUSschen Sätze die Scheitelgleichungen der Kegelschnitte (auch des Kreises) auf und verändert diese nur durch Verschiebung des Anfangspunktes. Selbst das kommt aber nicht besonders deutlich zum Ausdruck. Kennzeichnend ist, daß ROBERVAL es auch als eine »Gleichung« der Hyperbel bezeichnet, wenn er schreibt $ae = b^2$, worin a und e die auf einer Sekante gemessenen Abstände eines Hyperbelpunktes von je einer Asymptote sind. Außer den Kegelschnittgleichungen stellt er nur noch die Gleichung der Konchoide des NIKOMEDES auf, erhält aber für beide Zweige verschiedene Gleichungen, da er die a für den einen Zweig nach oben, für den andern nach unten positiv rechnet. Er gibt schöne Zeichnungen für alle drei Fälle der Konchoide.

Schon vor Herausgabe der zweiten Auflage (1659/61) der *Geometria*, hatte J. WALLIS einen *Tractatus de sectionibus conicis, nova methodo expositis* (Oxonii 1655) erscheinen lassen, worin er die Beweise mehrfach mittels des algebraischen Kalküls führte, dem er große Klarheit und Kürze zuspricht und den er für nicht weniger beweiskräftig erklärt als eine mit großem Aufwand von Linien geometrisch geführte Deduktion. Auch sagt er, die Proportionen seien nicht so sehr geometrisch als vielmehr arithmetisch, „um nicht zu sagen rein arithmetisch". Die Behandlung der Kegelschnitte sei früher so schwierig gewesen, daß die meisten Geometer sich gar nicht daran wagten, oder nur wie der Hund an den Nil. CL. MYDORGE[1]) und andere hätten zwar seitdem manches zu erleichtern gesucht, aber wenig erreicht. Daß aber WALLIS selbst durch DESCARTES seine stärksten Anregungen empfing, hebt er nicht genügend hervor. Wir sehen hier ab von den mannigfachen Anwendungen, die WALLIS in diesem Werke (schon vor Herausgabe der *Arithmetica infinitorum;* vgl. II1, 115) von den leicht veränderten CAVALIERIschen Indivisibilien machte[2]), und besprechen nur das auf Kegelschnitte Bezügliche. WALLIS' Leistung besteht in dieser Richtung hauptsächlich darin, daß er in die schon von APOLLONIUS stammenden Figuren des geschnittenen Kegels Buchstaben an Stelle der Strecken setzte, so daß er die »Symptomata« der Kegelschnitte durch Gleichungen ausdrücken konnte. Indem er die auf einem beliebigen Durchmesser (der Länge t) von einem Scheitel aus gemessene Abszisse mit d (»diameter intercepta«), die zugehörigen Ordinaten (der zu dem gewählten Durchmesser konjugierten Richtung) bei Parabel, Ellipse und Hyperbel bzw. mit p, e, h, den »Parameter«[3]) (»latus rectum«) mit l bezeichnete, leitete er aus den räumlichen Figuren die Gleichungen ab

$$p^2 = ld, \quad e^2 = ld - \frac{l}{t} d^2, \quad h^2 = ld - \frac{l}{t} d^2,$$

die wir als Scheitelgleichungen der Kegelschnitte kennen. Nachdem man diese Symptomata einmal habe, sagt WALLIS, könne man von der Betrachtung des Kegels ganz absehen und alles andere durch Rechnung ableiten. Dieser Ausspruch ist bemerkenswert, wenn es auch etwa noch ein Jahrhundert dauerte, bis er etwas vollständiger erfüllt wurde. Bei WALLIS ist die algebraische Rechnung meist nur eine Übersetzung der synthetischen Überlegungen. Aber er weiß sie immerhin zu gebrauchen, und es ist kein

---

[1]) Das schöne Werk von MYDORGE *Prodromus catoptricorum et dioptricorum sive conicorum* etc. erschien 1631 zu Paris. Die Auflagen mit späteren Druckjahren (vgl. I, 384) sind offenbar nur Titelauflagen. Die veröffentlichten „4 ersten Bücher" handeln nur von den Kegelschnitten.

[2]) Auch das Zeichen ∞ wurde schon hier eingeführt.

[3]) Diese Benennung hat MYDORGE a. a. O. zum erstenmal gebraucht. Man nennt in der neuesten Zeit allerdings die Größe $\frac{1}{2} l$ Parameter.

Zweifel, daß seine Darstellung dadurch gegenüber seinen Vorgängern sehr gewinnt. Er gibt vor allem die Bestimmung der Tangenten und zeigt, daß die Kegelschnitte unendlich viele Paare von solchen »konjugierten Durchmessern« haben, wie das Paar, das zur Aufstellung der Gleichung gedient hatte. Daß darunter aber ein rechtwinkliges Paar sich befindet, beweist, ja erwähnt er gar nicht. Sonst leitet er nur noch einige Hauptsätze ab. In einem Anhang betrachtet er zum Vergleich die kubische Parabel mit der Gleichung $p^3 = l^2 d$ (vgl. II1 115/16), findet die Tangentenbestimmung und weist nach, daß diese Kurve keine parallelen Durchmesser hat, auf welche sie ebenso bezogen werden könnte. Da WALLIS sich nur mit dem einen Zweige der Kurve beschäftigt, fügt er ahnungslos den anderen Zweig so an, daß die ganze Kurve das Aussehen einer gewöhnlichen Parabel hat. Aber schon im nächsten Jahre bemerkte er seinen Irrtum. In der vom 5. Dezember 1656 datierten Widmung seiner Schrift *Adversus M. Meibomii ... dialogum tractatus elencticus* schneidet er die kubische Parabel mit einer Schar von Parallelen zu einer Tangente und erkennt mit großer Verwunderung die richtige Lage des zweiten Zweiges, diskutiert einwandfrei die Vorzeichen und dehnt seine Beobachtung gleich auf die Gestalten der Parabeln $p^4 = l^3 d$ usw. einerseits und $p^5 = l^4 d$ usw. andererseits aus. Wir müssen demnach WALLIS als denjenigen bezeichnen, der zuerst negative Abszissen einführte und sie in Verbindung mit negativen Ordinaten richtig gebrauchte. Von den unmittelbaren Nachfolgern scheint dieser wichtige Fortschritt aber nicht beachtet worden zu sein.

Im Jahre 1659 hatte R. DE SLUSE zu Lüttich ein kleines Büchlein *Mesolabum* herausgegeben, in welchem er zeigte und synthetisch bewies, wie die Aufgabe, zwischen zwei Strecken zwei mittlere Proportionalen einzuschalten, und überhaupt alle sog. „räumlichen Aufgaben" sich mit Hilfe eines Kreises und beliebiger Kegelschnitte lösen ließen (II1, 56). Die Schrift erschien, auf den vierfachen Umfang erweitert, nochmals (Leodii Eburonum[1]) 1668) und in dieser 2. Auflage gab SLUSE erst die Analysis zu seinen

[1]) Lüttich.

Lösungen. Indem er b und d als die gegebenen Strecken, e und a als die Unbekannten bezeichnete, wobei er dann e als Abszisse, a als Ordinate nahm, schrieb er die fortlaufende Proportion in der Form $b/a/e/d$ und bildete daraus die Gleichungen $be \| aa$, $da \| ee$, $ae \| bd$[1]). Aus diesen einfachen Parabel- und Hyperbelgleichungen leitete er sodann durch Komposition der Proportionen die Gleichungen des Kreises und derjenigen Kegelschnitte ab (bei rechtwinkligen Koordinaten), die er früher verwendet hatte. In der einfachsten Form haben diese die Gleichungen $be - ee \| aa - da$ bzw. $be \mp \frac{bee}{q} \| aa \mp \frac{bda}{q}$, und die willkürliche Größe q bedingte „unzählige" Kegelschnitte. Ja indem er noch die affinen Transformationen $a \| \frac{by}{q}$ und $e \| \frac{bv}{q}$ einführte, konnte SLUSE schließlich beweisen, daß er für jede beliebige Gleichung 3. oder 4. Grades und einen willkürlich vorgegebenen Kegelschnitt einen Kreis bestimmen könne, der das Problem löse.

Neben der Tangentenbestimmung (II1, 121/22) war es auch bei ISAAK BARROW das Problem der graphischen Gleichungslösung, das ihn veranlaßte, Koordinaten zu benutzen (vgl. II1, 57). Sein Verfahren ist eigenartig, aber für die analytische Geometrie kommt wenig dabei heraus (*Lectiones geometricae*, London 1670, dann vereinigt mit den *Lectiones opticae* 1674). Er teilt die Gleichungen (XIII. Lektion) in 13 Serien, von denen die erste lautet $a + b = n$, $aa + ba = nn$, $a^3 + baa = n^3$, $a^4 + ba^3 = n^4$, usw., nimmt dann die Unbekannte a als Abszisse, n als Ordinate, zeichnet aber von jeder Kurve nur einen kleinen Bogen. Die Kurven dieser Serie nennt er »hyperboliformes«. Wie wenig BARROW in den analytischen Geist DESCARTES' eingedrungen war, sieht man noch mehr in den übrigen Lektionen, wo er große und kleine Buchstaben, VIETAsche und DESCARTESsche Schreibweise durcheinandermengt. So schreibt er in den Beispielen zu seiner Tangentenmethode (X. Lektion), da er die Kreisgleichung auf höhere Exponenten erweitern

---

[1]) Vgl. wegen des Gleichheitszeichens II1, 5.

will, noch statt $x^4 + y^4 = c^4$, wie Descartes geschrieben hätte, $APqq + MPqq = AEqq$. Jedoch verwendet er auch gelegentlich x für die Abszisse, bezeichnet die Ordinate aber dann wieder mit großen Buchstaben. Bemerkenswert ist, daß er bei Behandlung von gewissen abgeleiteten Kurven, die er nach Jak. Gregory (*Geometriae pars universalis*, Patavii 1668) »Involuten« und »Evoluten« nennt, ebenfalls im Anschlusse an Gregory diejenige Transformation von rechtwinkligen zu Polarkoordinaten anwendet, die wir heute mittels $a\varphi = x$, $\varrho = y$ ausdrücken und die bisher P. Varignon (Mém. Ac. Paris 1704 (1722)) zugeschrieben wurde. Auch daß dabei die Archimedische Spirale der Geraden entspricht, wird schon erwähnt.

Wir kehren nun nochmals zur zweiten lateinischen Ausgabe der Descartesschen *Géométrie* zurück. Dieser Ausgabe sind nämlich noch die *Elementa curvarum linearum* von Joh. de Witt (Druckjahr 1659) beigefügt, die einen gewissen Fortschritt über Wallis hinaus darstellen. Wallis bezeichnet de Witts Arbeit im Vorwort zum I. Band seiner *Opera* (1695) als Nachahmung seiner Kegelschnittlehre. Das stimmt in jeder Hinsicht schlecht und ist schon deswegen unwahrscheinlich, weil de Witt (nach Schooten) seine Aufzeichnungen schon um 1649 gemacht hatte. De Witt sieht vor allem das Mißliche der bis dahin erschienenen Darstellungen der Lehre von den Kegelschnitten darin, daß man zu ihrer Ableitung den Raum benutzt habe. Deshalb gibt er im ersten Buch kinematische Erzeugungen der Parabel, Hyperbel und Ellipse, und er beweist geometrisch, daß die gefundenen Örter die Symptomata des Apollonius (die in diesem Falle für Hyperbel und Ellipse den Mittelpunktsgleichungen gleichwertig sind) erfüllen, also wirklich die von den Alten betrachteten Kegelschnitte darstellen. De Witt bezeichnet es als bemerkenswert, daß bei seiner Erzeugung beide Äste der Hyperbel herauskommen, nennt diese aber doch im folgenden nach dem alten Brauch »gegenüberliegende Schnitte«. Für jeden Kegelschnitt gibt er dann noch eine zweite, ebenfalls kinematische Erzeugung und es mag erwähnt werden, daß die hier mitgeteilte Erzeugung der Ellipse mit der Konstruktion, die unserer modernen Parameterdarstellung

$x = a \cos u$, $y = b \sin u$ entspricht, im Wesen identisch ist[1]). Das Wichtigste nun aber in diesem rein geometrisch gehaltenen ersten Buche ist, daß DE WITT beweist, es gebe für jeden Kegelschnitt einen bestimmten Durchmesser, dessen zugehörige Ordinaten (d. h. die Sehnen der konjugierten Richtung) mit ihm einen rechten Winkel bilden. Damit ist der klare Beweis geliefert, daß die Kurven, die ein Symptoma irgendwelcher Form in bezug auf rechtwinklige »Achsen« erfüllen, mit den ursprünglich als Kegelschnitten definierten Gebilden identisch sind[2]).

Dieser Nachweis hatte in den analytischen Werken bisher ganz gefehlt, und wenn nun DE WITT im zweiten Buche daran geht, die analytischen Gleichungen zu diskutieren, so kann er mit Recht einen beliebigen Koordinatenwinkel voraussetzen. Freilich leitet DE WITT nicht wie WALLIS aus den Gleichungen Eigenschaften ab. Es ist ihm nur darum zu tun, den Kegelschnitt zu zeichnen, der durch eine gegebene Gleichung dargestellt wird. Die Definition der Koordinaten stimmt bei DE WITT ganz mit der FERMATS überein, die ja, wie wir gezeigt haben (vgl. S. 13), auch DESCARTES im Sinne lag. DE WITT spricht zunächst aus, daß eine Gleichung in x, y, die nur Glieder ersten Grades enthält, eine Gerade darstellt, und er bespricht und zeichnet die Lagen, die den Gleichungen $y = \frac{bx}{a}$, $y = \frac{bx}{a} \pm c$ und $y = -\frac{bx}{a} + c$ entsprechen. Man sieht schon aus dem Fehlen von $y = -\frac{bx}{a} - c$, daß DE WITT negative Ordinaten und natürlich auch negative Abszissen, die viel ferner lagen, vermeidet. Von den Geraden ist auch immer nur ein Stück gezeichnet, das nicht weit über den Raum hinausragt, in dem beide Koordinaten positiv sind. Die Gleichungen $y = c$ und $x = c$ sind hier wohl zum erstenmal aufgeführt.

---

[1]) Die der obigen Darstellung genau entsprechende Konstruktion mit einer ganz modernen Figur hatte schon MYDORGE in seinem *Prodromus* (1631) gegeben. Sie findet sich aber noch früher bei Praktikern, z. B. in SEB. SERLIOS *Architettura* (1. Buch; Venetia 1551, vielleicht schon in der 1. Aufl. v. 1537).

[2]) Selbst bei APOLLONIUS tritt dieser wichtige Satz nicht besonders deutlich hervor.

Nun betrachtet DE WITT die Gleichungsformen $y^2 = ax$, $y^2 = ax \pm b^2$, $y^2 = -ax + b^2$ und weist unter Heranziehung der Ergebnisse des ersten Buches nach, daß jede dieser Gleichungen eine Parabel darstellt. Hier zeigt sich nun aber gleich der große Nachteil der FERMAT-DESCARTESschen Koordinaten mit einer einzigen Achse, indem DE WITT es für nötig hält, jede der Formen $x^2 = ay$ usw., die durch Vertauschung von x, y aus den obigen entstehen, eigens aufzuführen und durch eine Figur zu belegen. Auch hier und im folgenden geht DE WITT nicht zu negativen Koordinaten über. Er sagt z. B. ausdrücklich, der Gleichung $y^2 = b^2 - ax$ entspreche das Stück, das wir als im ersten Quadranten liegend bezeichnen. Für die Hyperbel nimmt er die Grundformen an

$$yx = f^2, \quad \frac{ly^2}{g} = x^2 - f^2, \quad y^2 - f^2 = \frac{lx^2}{g} \quad \text{u.} \quad \frac{ly^2}{g} = f^2 - x^2,$$

entsprechende Formen für die Ellipse. Auf diese Grundformen werden nun beliebige quadratische Gleichungen durch Transformation der Koordinaten, die jedesmal auch durch eine Figur versinnlicht wird, zurückgeführt. Diese Transformationen sind, abgesehen von der beschränkten Vorzeichenfreiheit, ziemlich allgemein. Wenn z. B.

$$z = y + \frac{bx}{a} + c$$

gesetzt wird, so wird die Gerade mit der Gleichung $z = 0$ (wenn es auch nicht so ausgedrückt wird) als neue Bezugsachse eingeführt unter Beibehaltung der alten Ordinatenrichtung. Dann muß allenfalls noch $v = x - h$ gesetzt werden, und man kommt immer auf ein paar konjugierte Durchmesser. Sämtliche Möglichkeiten werden in einem langen Schlußkapitel noch systematisch zusammengestellt, wobei jedesmal der Fall, den wir durch Vertauschung von x und y erledigen, eigens behandelt wird. Bei den ursprünglichen Gleichungen nimmt DE WITT x immer als Abszisse an und y als Ordinate. In den Aufgaben weicht er aber gelegentlich davon ab. Die Aufgabe, den Ort eines Punktes zu suchen, für den die Summe bzw. Differenz der Abstände von zwei gegebenen Punkten konstant ist, wird wohl hier zum erstenmal in analytischer, ganz moderner Form gelöst. De Witts Arbeit darf man als das erste, auf sich selbst stehende Lehrbuch der analytischen Geometrie bezeichnen. Freilich tritt darin, wie erwähnt, noch nicht die Absicht zutage, auch die Eigenschaften der Kegelschnitte, von denen überhaupt nur wenige vorkommen, analytisch abzuleiten.

Die analytische Geometrie als solche machte von da ab bis zu Eulers *Introductio* (1748) nur geringe Fortschritte. Im Jahre 1695 gab Jak. Bernoulli (anonym) die Schootensche Übersetzung der *Géométrie* mit allen Anhängen zum letzten Male heraus und fügte selbst noch *Notae et Animadversiones tumultuariae* bei, worinnen er zwar auf einige neuere Entdeckungen in der Geometrie hinwies, die unterdessen gemacht worden waren (s. Kap. III), aber die Descartessche Darstellung selbst in keiner Weise ergänzte oder verbesserte. Einen kleinen Fortschritt in der Auffassung der Koordinaten bemerkt man immerhin in den umfangreichen *Commentaires sur la Géométrie de M. Descartes*, die von dem Jesuiten Cl. Rabuel verfaßt und zwei Jahre nach seinem Tode (Lyon 1730) von einem seiner Schüler herausgegeben wurden. Wie lange das neue Verfahren brauchte, um in weitere Kreise zu dringen, ersieht man aus der Vorrede jenes Schülers. Dieser sagt, Schooten scheine in seinem Kommentar selbst nach dem Ruhm gestrebt zu haben, seinerseits wieder kommentiert zu werden, und er bezeichnet die *Géométrie* selbst als von einer „difficulté presqu'insurmontable". Rabuel zeichnet auch die zweite Achse und sagt, wiewohl die Ordinaten y eigentlich getrennt seien, da sie ja parallel liefen, könne man sie doch zuerst auf der zweiten Achse annehmen. Wenn man dann wisse, an welchem Punkte der ersten Achse das y »appliziert« werden solle, so ziehe man es gleich und parallel zu der auf der zweiten Achse vom gemeinsamen Anfangspunkt (»origine«) der x und y aus abgemessenen Strecke. Er nennt die x und y auch Abszissen und Ordinaten (letztere auch »appliquées«) und gibt ihre Vorzeichenbestimmung, wie wir es tun. Auch verwendet er diese Begriffe ziemlich folgerichtig, besonders bei Diskussion der Kurven dritter Ordnung, die er als Zahlenbeispiele beim »Ort zu 5 Geraden« (vgl. o. S. 7) erhält. Trotzdem stellt er für die beiden Zweige der Konchoide noch verschiedene Gleichungen auf, indem er wie Roberval (S. 19) übersieht, daß er die Richtung der y-Achse in beiden Fällen verschieden nahm.

Noch im 17. Jahrhundert hatte auch de La Hire einen Beitrag zur analytischen Geometrie gegeben, und zwar in dem zweiten Teil des Büchleins, dessen Titel beginnt *Nouveaux Élémens des Sections coniques* (Paris 1679). Der erste Teil stellt sich ausdrücklich als Verbesserung des ersten Buches von de Witts Arbeit (vgl. S. 23) dar. La Hire geht von den Definitionen durch Summe und Differenz der Radienvektoren für Ellipse und Hyperbel aus und erkennt, daß diese beiden Definitionen, wenn man nur einen Brennpunkt ins Unendliche legt, in die Definition der Parabel übergehen, nach welcher alle ihre Punkte vom Brennpunkte und einer festen Geraden denselben Abstand haben. Auf dieser Grundlage, die den Vorteil bietet, daß die Achsen schon gegeben sind, beweist er dann eine große Anzahl der gebräuchlichen Sätze, vor allem natürlich auch die Gültigkeit der antiken Symptomata für die Achsen selbst und für beliebige konjugierte Durchmesser. Dieser erste Teil ist rein geometrisch.

Im zweiten Teil, betitelt *Les Lieux géométriques*, gibt de La Hire nach einigen allgemeinen Ausführungen Beispiele für Behandlungen von bestimmten und unbestimmten Problemen durch »algebraische Analysis« (vgl. S. 16). Hierauf definiert er einen geometrischen Ort als gerade oder krumme Linie oder Fläche usw., deren sämtliche Punkte ein und dieselbe Beziehung haben zu den Punkten derselben geraden Linie, in Hinsicht auf einen Punkt der letzteren. Das ist noch ganz die Descartessche Fassung (vgl. S. 9). Er nennt den festen Punkt O (»Origine«), die feste Gerade »la Tige«, bezeichnet die Punkte auf der »Tige« mit N (»les Neuds«), die Punkte des Ortes mit L »Lieu« und heißt die Ordinaten LN »les Rameaux«, die Abszissen »les parties de la Tige«. Das ist wohl die erste Stelle, wo für Abszissen und Ordinaten im allgemeinen Sinne besondere Bezeichnungen (die aber nicht durchdrangen) eingeführt werden. Die Bezeichnungen selbst aber stammen in der Hauptsache von Desargues, der sie schon in seinem *Brouillon proiect* (1639; vgl. S. 120) eingeführt hatte. Desargues hatte nur »Tronc« statt »Tige« gesagt und die »Rameaux« liefen im allgemeinen bei ihm nicht parallel.

Wenn La Hire in einem 1845 aufgefundenen Schreiben behauptet, das *Brouillon proiect* erst 1679, und zwar nach Vollendung des Druckes der *Nouveaux Élémens* zum erstenmal gelesen zu haben, so beweist das nichts gegen die Unselbständigkeit La Hires in den Benennungen, da La Hires Vater mit Desargues eng befreundet war.

La Hire gibt nun zunächst wie de Witt, wenn auch nicht in solcher Ausführlichkeit, die Normalformen der Gleichungen, sodann Regeln für die »Reduktion« komplizierterer Gleichungen auf die Normalformen. Er hält seine Darstellung für besser als die de Wittsche. Man kann aber keinen besonderen Fortschritt erkennen. Und wenn er schließlich gar Regeln angibt, nach denen man auch ohne Transformation soll beurteilen können, auf welche Normalform eine Gleichung schließlich führen werde, so sind diese keineswegs durchsichtig und beruhen nur darauf, daß man eben bei einiger Übung das Resultat voraussehen kann. Von der Vertauschung von x und y spricht er wohl, ähnlich wie Debeaune (s. S. 16), aber er unterliegt doch, sowohl hierin, wie in der Frage der Vorzeichen, im allgemeinen denselben Beschränkungen wie de Witt. Einmal hebt er hervor, daß aus derselben Gleichung wohl zwei verschiedene Werte für y hervorgehen können. Die Werte seien aber nicht immer wahre oder reelle, sondern es komme auch vor, daß der eine »verschwinde« oder »falsch« werde, was am Beispiel einer Parabel, die auf einen beliebigen Durchmesser und einen außerhalb der Parabel liegenden Anfangspunkt bezogen ist, gezeigt wird. Vom Übergang dieser zweiten Gleichungswurzel aus dem Positiven durch Null ins Negative hat er aber doch keinen rechten Begriff. Ein dritter Teil des Büchleins ist betitelt *La construction des équations analytiques* und handelt demgemäß von der Verwendung der Örter zur graphischen Lösung von Gleichungen. Daß Wallis' auch diese Schrift La Hires als Nachahmung seiner Kegelschnittlehre bezeichnet hat (s. S. 23), ist noch weniger begründet als bei der von de Witt.

In einer aus dem Jahre 1709 stammenden Arbeit (Mém. Ac. Paris 1710 (?1732)) nahm La Hire seine vor 30 Jahren begonnenen Arbeiten über Konstruktion der Örter und Gleichungen wieder auf. Er versuchte dort hauptsächlich höhere Örter zu zeichnen. Sein Verfahren ist stellenweise ganz geschickt, er kommt aber doch zu verschiedenen unrichtigen Resultaten, da ihm die folgerichtige Verwendung negativer Abszissen noch nicht gelingt. Obwohl er z. B. die Gleichung $a^2 y^2 = x^4$ richtig als zwei sich im Scheitel berührende Parabeln deutet, ist ihm eine Gleichung der Form $x^2 = -ay$ (die y sind Abszissen) doch kein eigentlicher Ort. Man könne sich aber solcher Gleichungen, auf die man in der Rechnung hin und wieder stoße, doch bedienen, und die Kurve, die der angegebenen Gleichung genüge, sei hier die Parabel, deren Abszissen $-y$ seien. Eine zweite Achse ist öfter eingezeichnet, aber nicht eigentlich verwendet. In dieser Arbeit hat La Hire die Bezeichnungen »Abszisse« und »Ordinate« angenommen.

Ein ganz ähnlich angelegtes Werk wie die *Nouveaux Élémens* von La Hire, nur etwas umfangreicher, gab 1687 zu Paris J. Ozanam in drei einzeln erschienenen Bänden heraus. Das erste Buch hat den Titel *Traité des Lignes du premier genre.* Ozanam geht von dem antiken Symptoma aus, stellt mit dessen Hilfe zwar die Scheitelgleichungen der Kegelschnitte in der Form auf $y^2 = px \pm \frac{px^2}{d}$ (p Parameter, d Durchmesser; wenn dieser unendlich, dann Parabel!), verwendet aber diese Gleichung (»équation constitutive«) und algebraische Rechnung überhaupt nur ganz gelegentlich zur Ableitung der gewöhnlichen Eigenschaften der Kegelschnitte, deren Darstellung der Zweck des Buches ist. Der zweite Band *Traité des lieux géométriques* enthält gegenüber La Hire und de Witt, was die Örter und ihre »Konstruktion« selbst betrifft, gar nichts Neues. Bemerkenswert ist nur, wie Ozanam unbestimmte Aufgaben der Arithmetik (aus Diophant) graphisch darstellt. Ein Band *Traité de la construction des équations* beschließt das wenig eigenartige Werk.

Dieselbe Einteilung, wie sie Ozanams und La Hires Werke aufweisen, legte auch de L'Hospital († 1704) seinem einen starken Band füllenden *Traité analytique des sections coniques* etc. (Paris 1707; 2. Aufl. 1720), einem für seine Zeit ausgezeichneten Lehrbuche, zugrunde. L'Hospital geht von denselben Erzeugungen der Kegelschnitte aus, wie La Hire, nur daß er die Erzeugungen durch Apparate ausführen läßt. Er leitet die Gleichungen ab $y^2 = px$, $y^2 = c^2 - \frac{c^2 x^2}{t^2} = \frac{1}{2} pt - \frac{px^2}{2t}$ und $y^2 = \frac{c^2 x^2}{t^2} \mp c^2 = \frac{px^2}{2t} \mp \frac{1}{2} pt$, wo t die halbe große, c die halbe kleine Achse bedeutet, und beweist dann zum Teil mittels dieser Gleichungen und algebraischer Rechnung, zum weitaus größeren Teil aber mittels Proportionen und Betrachtungen an der Figur[1]) die Haupteigenschaften der Kegelschnitte. Für die x hat er gar keinen besonderen Namen und die Bezeichnung »Ordinate« gebraucht er auch nur im antiken Sinne (vgl. S. 44). Die Definition der Koordinaten (»indéterminées«) x, y neigt zu FERMATS Wortlaut (vgl. S. 1.) Auch L'HOSPITAL führt gelegentlich eine zweite Achse ein und weist auf den Nutzen der Vertauschung von x und y hin, ja er gibt sogar eine richtige Vorzeichenbestimmung: „Ein Ort muß durch die Enden aller wahren und falschen Werte von y gehen, die den wahren und falschen Werten von x entsprechen". Und er erläutert diesen Ausspruch am Beispiel der Geraden $y = \frac{bx}{a}$ und des Kreises $y^2 = a^2 - x^2$ in ganz ausführlicher Weise. Aber indem er gleich hinzufügt, daß er in der Folge wieder immer x und y positiv nehme, bleibt er doch im allgemeinen auf dem Standpunkt DE WITTS, auch in den Figuren. Auch bei ihm fehlt infolgedessen die Gleichungsform $y = -\frac{b}{a} x - c$ für die Gerade.

Für die Kegelschnitte hat er ein anderes Verfahren, das er offensichtlich aus dem letzten Teil von J. CRAIGS *Tractatus . . . de figurarum . . . quadraturis et locis geometricis* (London 1693) gelernt hatte. Er nimmt nämlich wie CRAIG den Kegelschnitt in möglichst allgemeiner Lage gegen das Koordinatensystem, so daß alle Transformationskonstanten in den Koeffizienten stecken. So gibt er z. B. für die Parabel mit der Achse CG folgende Gleichung und Figur (6), wo $AB = m$, $BE = n$, $AD = r$, $DC = s$, $CH = p$ (zur Achse gehöriger Parameter) und $AE = e$, $AP = x$, $PM = y$ gesetzt ist,

[1]) Das Werk enthält 32 Tafeln mit 285 sehr schön ausgeführten Figuren.

$$y^2 - \frac{2n}{m}xy + \frac{n^2}{m^2}x^2 - 2ry + \frac{2nr}{m}x + r^2 = 0,$$
$$-\frac{ep}{m}x + ps$$

und es ist ihm hiernach natürlich leicht, mit dieser Gleichung eine spezielle, wie etwa $y^2 - 2ay - bx + c^2 = 0$ in Übereinstimmung zu bringen. Bei Diskussion der letzteren Parabel bricht sich die Macht der Tatsachen wieder Bahn, und L'Hospital sieht sich gezwungen (für $a > c$) die Parabel aus drei Stücken zusammenzusetzen, die im ersten, zweiten und vierten Koordinatenwinkel liegen und durch

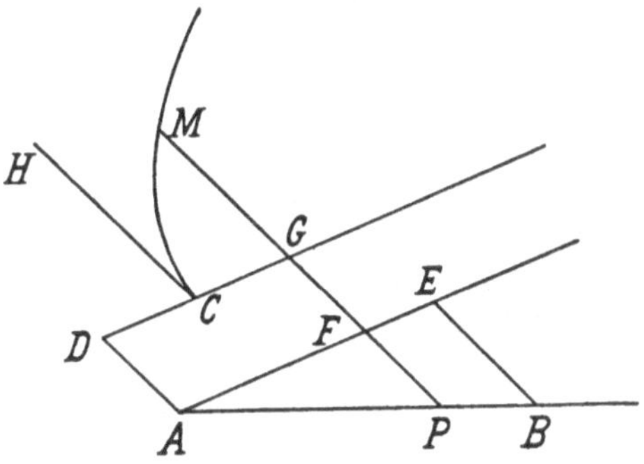

Fig. 6.

dieselbe Gleichung dargestellt werden. In ganz entsprechender Weise verfährt er für Ellipse und Hyperbel, erkennt das Charakteristische der Gleichungen und gibt auch die Bedingungen, daß die Gleichung einen Kreis darstelle, richtig an. Ein wesentlicher Fortschritt gegenüber Craig ist aber nicht festzustellen.

Im Anschlusse daran stellt de L'Hospital elf geometrische Örter auf, darunter den Apollonischen Kreis, wobei er wieder alle vier Quadranten berücksichtigt. Wir heben ferner noch hervor die Erzeugung der Kegelschnitte aus dem konstanten Verhältnis der Entfernungen ihrer Punkte von einem festen Punkt und einer festen Geraden, den Ort eines Punktes, von dem aus die beiden Tangenten an eine Parabel immer einen bestimmten Winkel oder seinen Nebenwinkel einschließen (Hyperbel), den Ort der

Pole (wie wir sagen) aller Tangenten eines Kreises in bezug auf einen anderen Kreis, und folgende Erzeugung der Kegelschnitte: Um zwei Punkte drehen sich zwei feste Winkel; der Schnittpunkt des einen Schenkelpaares durchläuft eine Gerade, der Schnittpunkt des anderen Paares sodann einen Kegelschnitt[1]. Diesen Kegelschnitt diskutiert L'Hospital. Der folgende Abschnitt handelt über Konstruktion der Gleichungen[2]; dann folgt noch ein anderer mit gemischten, bestimmten Aufgaben.

Die Craigsche Art der Kegelschnittdiskussion nahm auch Chr. v. Wolff in seine *Elementa matheseos universae* (Bd. I; Halle 1713) auf, unter ausdrücklicher Berufung auf Craig. Demgegenüber wies Jak. Hermann (Comm. Ac. Petr. 1729 (1735)) darauf hin, daß die ursprüngliche Descartessche Methode (s. S. 10/11), die vergessen scheine, doch wohl neben den anderen Beachtung verdiene, weil sie direkt aus der Gleichung alle Bestimmungsstücke des Kegelschnittes abzuleiten gestatte. Hermann führt nun dies weiter aus, indem er, was Descartes an einem Beispiele gemacht hatte, an die allgemeine Kegelschnittgleichung anknüpft. Diese nimmt er in der Form

$$\alpha y^2 + 2\beta xy + \gamma x^2 + 2\delta y + 2\varepsilon x + \varphi = 0,$$

löst sie auf

$$y = -\frac{\beta x}{\alpha} - \frac{\delta}{\alpha} \pm \sqrt{\left(\frac{\beta^2 - \alpha\gamma}{\alpha^2} x^2 + \frac{2\beta\delta - 2\alpha\varepsilon}{\alpha^2} x + \frac{\delta^2 - \alpha\varphi}{\alpha^2}\right)},$$

bestimmt auf der Geraden $u = -\frac{\beta x}{\alpha} - \frac{\delta}{\alpha}$, indem er die Wurzel Null setzt, den Durchmesser und muß nun freilich wie Descartes die Kenntnis des Parameters aus seinem sonstigen Wissensschatz nehmen. Trotzdem er für die Durchmessergerade richtige Vorzeichenbestimmungen gibt und diese Gerade sogar nach der Seite der negativen Abszissen fortsetzt, ist er doch in der Koordinatenauffassung so beschränkt wie alle seine Vorgänger. Er stellt aber im folgenden die Koeffizientenbedingungen zusammen für die

---

[1]) Ausgesprochen hatte diesen Satz schon Newton in den *Philosophiae naturalis principia mathematica* (1687).

[2]) Es sei erwähnt, daß hier de L'Hospital schon vor Cramer den im vorigen Teilband auf S. 57/58 erwähnten Nutzen hervorhob.

meisten Arten der Kegelschnitte und gibt auch, gemäß dem doppelten Vorzeichen der Wurzel die zwei Geraden an, die die Gleichung darstellen kann, wenn die Wurzel aufgeht, wo DESCARTES nur von einer gesprochen hatte. Auch die Asymptoten sind nicht vergessen.

Den schwierigsten Fall freilich, der dann auftritt, wenn der Ausdruck unter der Wurzel zwei imaginäre Werte für x ergibt, so daß also die Kurve eine Hyperbel und der zugrunde liegende Durchmesser die imaginäre Achse ist, hat HERMANN sowenig wie DESCARTES selbst ins Auge gefaßt. Ihn ergänzte VINC. RICCATI in einem Briefe vom Jahre 1751 (veröff. Bologna 1757 im I. Bd. der *Opuscula*), in welchem er überhaupt einem Freunde die HERMANNsche Methode genauer auseinandersetzte. RICCATI hilft sich dadurch, daß er auf der Durchmessergeraden zwei Abszissen sucht, zu welchen gleiche Ordinaten gehören. Er erhält so den Mittelpunkt und dann aus der Gleichung die Länge des reellen zugehörigen Durchmessers, worauf die Hyperbel „konstruiert werden kann". Den Fall, daß die Wurzel aufgeht, bezeichnet er richtig als Grenzfall zwischen beiden Hyperbellagen. Auch fügt RICCATI die nicht schwer zu behandelnden Fälle bei, wenn in der Grundgleichung y^2 oder xy oder beide fehlen. In dem großen zweibändigen Werke *Institutiones analyticae* aber, das RICCATI mit Hilfe von HIERON. SALADINI später herausgab (Bononiae 1765 u. 1767), ist wieder auf DE WITTS Methode zurückgegriffen, für den Fall des Vorhandenseins von xy aber ein Kunstgriff eingeführt (I. Bd.), der die Sache nicht wesentlich erleichtert.

Ein sehr gutes Lehrbuch der gesamten algebraischen Geometrie gab im Jahre 1705 zu Paris GUISNÉE heraus (weitere Aufl. 1733, 1753): *Application de l'algèbre à la géométrie* usw. Er weist ausdrücklich auf die Wichtigkeit der »falschen« (negativen) Wurzeln einer Gleichung hin und diskutiert auch die Kreisgleichung $yy = aa - xx$ nach allen Vorzeichen, indem er zwei senkrechte Achsen annimmt, auf die er von dem Kreispunkte M die Lote MP und MQ fällt. Diese Lote erklärt er nebst den durch sie auf den Achsen gebildeten Abschnitten als »Koordinaten«. Aber schon bei der Geraden $ay = bx$ betrachtet er nur positive Stücke und auch in der Behandlung der Kegelschnittgleichungen führt er seinen Grundsatz nicht durch. Das Buch ist jedoch sonst außer durch seine Reichhaltigkeit auch dadurch ausgezeichnet, daß es eine vollständig auf sich selbst gestellte Kegelschnittlehre enthält. Rein analytisch ist diese freilich nicht, aber wo es nur geht, wendet der Verfasser neben ähnlichen Dreiecken und Proportionen auch die Buchstabenrechnung an, die in einer 66 Seiten umfassenden Einleitung zu dem Werke gelehrt wird. Jedenfalls ist GUISNÉES Lehrbuch fortgeschrittener und zeugt mehr vou analytischem Geiste als das fast gleichzeitige vom Marquis DE L'HOSPITAL (vgl. o. S. 29).

§ 3. Die analytische Geometrie von der systematischen Einbeziehung höherer Kurven an.

Von der größten Bedeutung für die Entwickelung der analytischen Geometrie ist eine kleine Schrift NEWTONS, die dieser im Jahre 1704 seinem großen Werke *Opticks* anhängte, wir meinen die *Enumeratio linearum tertii ordinis* (vgl. II1, 58)[1]. NEWTON hatte Manuskripte ausgeliehen (das älteste vorhandene ist wohl vor 1676 anzusetzen), wodurch mehrere seiner Ergebnisse bekannt geworden waren. Er wollte also mit der Herausgabe der *Enumeratio* nur seine Priorität wahren. Dadurch wird die Veröffentlichung an so unpassender Stelle[2]) und das Fehlen der Beweise erklärt. Letztere hat übrigens zu einem großen Teile JAKOB STIRLING ergänzt in seinem Buche *Lineæ tertii ordinis Neutonianæ* (Oxoniae 1717), das im Titel ausdrücklich als eine »Illustratio« des NEWTONschen Traktates bezeichnet ist. Es handelt sich für uns hier noch nicht um den eigentlichen Inhalt der beiden Schriften (vgl. u. S. 62 u. 65), sondern darum, daß in ihnen die Koordinatenmethode, die bis dahin nicht wesentlich über DESCARTES' Gesichtspunkte hinaus angewendet worden war, fast plötzlich mit großer Sicherheit ein ziemlich neues Gebiet er-

[1]) Die Schrift wurde auch der 1. Aufl. der lateinischen Übersetzung *Optice* (London 1706) beigefügt. Im Jahre 1711 wurde sie von W. JONES in einem Sammelband *Analysis per quantitatum series* etc. (vgl. II1, 126) mit abgedruckt.

[2]) Alles bisher Gesagte gilt wörtlich auch von der Abhandlung *Tractatus de quadratura curvarum* (vgl. II1, 132).

oberte. Nicht daß der Koordinatenbegriff bei NEWTON und STIRLING ein anderer wäre als bei DESCARTES. Es ist immer noch nur von einem »Anfangspunkt der Abszissen« die Rede, und das, was wir »Ordinatenachse« nennen, wird nur gelegentlich als »erste« oder »Hauptordinate« bezeichnet. Aber in den NEWTONschen Figurentafeln sind beide Achsen ganz durchgezogen, jedes Tasten wegen der Vorzeichen hat ein Ende, alle Quadranten sind gleichberechtigt. Jede Kurve ist bei NEWTON ganz so gezeichnet, wie wir es heute tun. In ungeahnter Fülle traten den Zeitgenossen ganz neue Formen entgegen, deren Gleichungstypen im Texte angegeben waren.

Über Kegelschnitte enthält NEWTONS Schrift ja nur soviel, als wegen der Verallgemeinerung auf Kubiken gesagt werden mußte. Und doch liegt in der NEWTONschen Schrift der Keim zu einer freieren Behandlung auch der Kegelschnitte mittels Koordinaten. STIRLING hat dazu schon einen Anlauf genommen. Erstens zeigte er, daß und wie gemäß einem allgemeineren Satze jede Gleichung einer Linie zweiter Ordnung auf die Form $yy = Ax^2 + Bx + C$ gebracht werden könne (immer schiefe Achsen vorausgesetzt), und führte dann diese Gleichung durch Verschiebung des Anfangspunktes der Abszissen in die Formen $yy = Ax^2 + B$ bzw. $yy = B - Ax^2$ über[1]). Dann aber — und das ist sehr bemerkenswert — unternimmt er es, die Lage und Länge der Achsen aus diesen Gleichungen allein zu errechnen, ohne jede Zuhilfenahme APOLLONIUSscher Sätze, nur mit Berücksichtigung der Gestalt der Hyperbel oder Ellipse. Seit WALLIS (vgl. S. 20) scheint dies der erste Versuch zu sein, aus der Gleichung selbst Eigenschaften der Linie ableiten zu wollen. Das Verfahren STIRLINGS ist durchaus brauchbar, wenn er auch zu keinen abschließenden Formeln gelangt, da er immer nur die einzelnen notwendigen Schritte angibt. Auch für die Parabel mit der Gleichung $yy = Ax + B$ bestimmt er so den Hauptscheitel und Hauptparameter. Durch ein solches Verfahren werde, wie er sagt, die Analogie zwischen den Örtern zweiter und derjenigen dritter und höherer Ordnung besser ersichtlich. Auch den Beweis für den sog. NEWTONschen

---

[1]) STIRLING gebraucht selbst immer wieder dieselben Buchstaben.

Sekantensatz hat STIRLING zuerst für Kegelschnitte und dann ganz sinngemäß für Kubiken in analytischer Form geliefert.

In der Tat wandte man um jene Zeit die Koordinatenmethode in der Hauptsache auf differentialgeometrische Untersuchungen oder, wenn man die DESCARTESsche Methode betonte, gleich auf höhere algebraische Kurven an. Das letztere tat insbesondere J. P. DE GUA DE MALVES in seinem kleinen, weniger an analytischen Entwickelungen als an neuen Gedanken reichen Buche *Usages de l'analyse de Descartes* (Paris 1740), von dem wir noch genauer sprechen werden (s. S. 71f). Es ist aber klar, daß diese höheren Untersuchungen sich ebenso gut auf Kegelschnitte anwenden ließen, die auch gelegentlich als Beispiele herangezogen wurden. So gibt DE GUA die Bestimmungsgleichung für den Mittelpunkt eines Kegelschnitts $nyy + rxy + mxx + ay + bx + cc = 0$ (wo m, n, r Zahlen, a, b, c aber Strecken bedeuten sollen) wohl zum erstenmal in der Form

$$\overline{2ny + rx + a}\,.\,dy + \overline{2mx + ry + b}\,.\,dx = 0.$$

Wir dürfen vielleicht auch hier schon erwähnen, daß DE GUA die Vorstellung einer zerfallenen Kurve, deren Gleichung also durch ein gleich Null gesetztes Produkt dargestellt wird, ganz geläufig ist, ja er bezeichnet $y^3 = x^3$ als Gleichung von drei Geraden, von denen zwei imaginär sind.

In gleicher Weise beschränkte sich auf höhere algebraische Kurven das vielfach auf DE GUA fußende Werk von G. CRAMER, *Introduction à l'analyse des lignes courbes algébriques*, das 10 Jahre später zu Lausanne herauskam. Unterdessen aber war schon der II. Band von EULERS *Introductio in analysin infinitorum* (Lausannæ 1748) erschienen, der auch die analytische Theorie der Kegelschnitte auf eine wesentlich höhere Stufe gehoben hatte. EULER hat noch ganz und gar den DESCARTESschen Koordinatenbegriff, während CRAMER, dessen Werk übrigens von dem EULERschen nicht mehr beeinflußt werden konnte, wohl zum erstenmal beide Koordinaten gleichmäßig definiert und folgerichtig auch eine Ordinatenachse einführt. Diese spielt freilich bei seinen Koordinatentransformationen immer noch eine etwas hilflose Rolle. Die Koordinatenumformungen waren ja seit DE WITT (s. o. S. 25) von allen Mathematikern benutzt worden und sie nahmen oft sogar ziemlich verwickelte Formen an, da häufig von einem schiefwinkligen System auf ein anderes mit anderem Anfangspunkt und anderem Koordinatenwinkel transformiert wurde, trigonometrische Funktionen aber ausgeschlossen waren. Solche gebrauchte in diesem Zusammenhange offenbar erst EULER in der *Introductio*, wenn auch er noch häufig für sin oder cos eines Winkels einen eigenen Buchstaben setzte. Doch finden sich schon bei ihm die Gleichungen für rechtwinklige Achsen

$$t = x\ cos.\ q - y\ sin.\ q, \quad u = x\ sin.\ q + y\ cos.\ q.$$

EULER geht kurz auf die Gerade ein. Er bringt ihre Gleichung zwar zuerst in die Form $\alpha u + \beta t + b = 0$, schreibt diese aber, da er die Lage der Linie erläutern will, gleich in die Form $\alpha x + \beta y - a = 0$ um, bespricht auch weiter die verschiedenen Möglichkeiten der Vorzeichen von α und β nicht und erwähnt nur die Fälle $\alpha = 0$, $\beta = 0$ und $\alpha = a = 0$, nicht aber den Fall $\beta = a = 0$. In dem schon angezogenen Werk von RICCATI-SALADINI (s. o. S. 33) sind vielleicht zum erstenmal, wenigstens andeutungsweise, alle Möglichkeiten erörtert.

Das 5. Kapitel des II. Bandes der *Introductio* handelt von den allen Kegelschnitten gemeinsamen Eigenschaften, d. h. solchen, die sich aus der allgemeinen Gleichung zweiten Grades ableiten lassen. EULER sagt eingangs auch ausdrücklich, nicht alle Eigenschaften der Kegelschnitte seien aus einem Prinzip ableitbar, einige gingen aus der Erzeugung am Kegel, andere aus gewissen Beschreibungen hervor, hier aber wolle er sich lediglich auf die Gleichung stützen. Diese schreibt er in der Form

$$yy + \frac{(\varepsilon x + \gamma)\, y}{\zeta} + \frac{\delta x x + \beta x + \alpha}{\zeta} = 0,$$

wobei er nach Bedarf den Koordinatenwinkel gleich oder verschieden von einem Rechten annimmt. Ganz im Sinne NEWTONS und STIRLINGS leitet er zunächst aus dieser Gleichung vermittels des Satzes über die Summe und das Produkt der Wurzeln die gewöhnlichen Durchmesser-, Sekanten-, und Tangenteneigenschaften ab. Zu den Folgerungen, die er zieht, gehört auch der Satz, der den Kegelschnitt als Ort zu 4 Geraden (s. o. S. 7) erscheinen läßt. Im weiteren bestimmt er die Gleichung desjenigen Durchmessers, der alle zu den Ordinaten parallelen Sehnen halbiert, zuerst bei rechtwinkligem Koordinatensystem und dann für denselben Kegelschnitt bei einem System mit derselben Abszissenachse und demselben Anfangspunkt, aber schiefen Ordinaten. Der Schnittpunkt beider Durchmesser gibt einen Punkt, dessen Koordinaten von dem angenommenen Winkel der Ordinaten mit der Abszissenachse unabhängig sind, den Mittelpunkt des Kegelschnitts. Hierauf stellt EULER die Gleichungen $yy = \alpha + \beta x + \gamma x x$ und $yy = \alpha - \beta x x$ auf, bezogen auf »konjugierte Durchmesser«.

Was nun kommt, ist durchaus neu und eigenartig. Ausgehend von der letzten Gleichung (er zeichnet hier auch immer nur Ellipsen), bestimmt nämlich EULER durch Rechnung ein zweites Paar konjugierter Durchmesser, für dessen einen der Neigungswinkel gegen die Abszissenachse gegeben ist. Und zwar errechnet EULER sowohl die Tangente des Winkels des anderen Durchmessers mit der Abszissenachse, als auch die Tangente des Winkels der beiden neuen konjugierten Durchmesser und ihre beiden Längen. In diesen nicht einfachen Rechnungen verwendet EULER sowohl eigene Buchstaben für die Funktionen gewisser Winkel als auch die Funktionszeichen selbst. Als Folgerung ergeben sich u. a. die Sätze über die Konstanz des Parallelogramms und der Quadratsumme konjugierter Durchmesser, sowie der Satz vom Produkt der Tangentenabschnitte zwischen zwei festen parallelen Tangenten.

Jetzt darf EULER nur die Bedingung stellen, daß das neue Durchmesserpaar rechtwinklig sei, und er erhält Lage und Länge der Hauptachsen. Dabei betont er, daß es immer eine Lösung gebe. Auch hat EULER in dem diesem Bande beigefügten „Anhang über Flächen“ eine wirkliche Transformation auf die Hauptachsen, ausgehend von der Gleichung $aacc = auu + 2\beta tu + \gamma tt$ in rechtwinkligen Koordinaten durchgeführt. Damit ist zum erstenmal die analytische Geometrie der Kegelschnitte ganz auf sich selbst gestellt. Denn DE WITTS Verfahren (s. S. 24) war nicht rein analytisch und STIRLINGS Andeutungen (s. S. 35) waren nicht rechnerisch durchgeführt. Den Schluß des Kapitels bildet die Bestimmung der reellen Brennpunkte, die EULER dadurch definiert, daß er Punkte auf der großen Achse sucht, von denen aus der Radiusvektor sich rational durch die Koordinaten ausdrücken läßt.

Das folgende 6. Kapitel handelt von der Einteilung der Linien zweiter Ordnung. EULER unterscheidet hier die Kurven lediglich nach dem Wert von γ in der Gleichung $yy = \alpha + \beta x + \gamma xx$. Er nimmt dann für die Ellipse die Mittelpunktsform $yy = \frac{bb}{aa}(aa - xx)$ und leitet aus ihr insbesondere die Fokaleigenschaften ab. Hierauf führt er die neuen Größen $c = bb/a$ (Halbparameter) und $d = a - \sqrt{(aa - bb)}$ (Entfernung des Brennpunkts vom Scheitel) ein. Die Gleichung der Ellipse für den Scheitel als Anfangspunkt lautet dann $yy = 2cx - \frac{c(2d - c)\,xx}{dd}$, und hier bewerkstelligt EULER den Übergang zur Parabel, indem er $2d = c$ nimmt, wodurch a und b unendlich werden. Soweit als möglich leitet er nun die Eigenschaften der Parabel aus der Auffassung der Parabel als unendlich ausgedehnter Ellipse ab. Hierauf geht er zur Hyperbelgleichung $yy = \alpha + \gamma xx$ über, stellt fest, daß die konjugierte Achse imaginär ist, setzt sie aber, um die Ähnlichkeit mit der Ellipsengleichung aufrechtzuerhalten, gleich $b\sqrt{.-1}$, so daß die Gleichung lautet $yy = \frac{bb}{aa}(xx - aa)$ und schließt nun wieder auf die Hyperbeleigenschaften, indem er sich bei der Ellipse bb durch $-bb$ ersetzt denkt. Die Asymptoten findet er, indem er allgemein für den Winkel, sagen wir ω, einer Tangente mit der großen Achse, die Gleichung aufstellt $tang.\omega = bbx/aay$, was für $x = \infty$ (also $y = bx/a$) übergeht in b/a. Bei den verschiedenen Eigenschaften, die er für die Asymptoten ableitet, hebt er ausdrücklich hervor, daß sie auch Geltung haben, wenn eine schneidende Gerade z. B. nicht nur den einen Hyperbelast trifft, sondern beide. Die Bestimmung der Asymptoten durch Zerlegung des Aggregats der höchsten Glieder in x, y war EULER selbstverständlich auch bekannt. Er wendete aber diesen Gesichtspunkt erst in den nächsten Kapiteln an, die allgemein von den unendlichen Ästen höherer Kurven handeln (s. u. S. 74). Dabei tritt (im 7. Kapitel) die Bemerkung auf, daß die allgemeine Gleichung $\alpha yy + \beta xy + \gamma xx + \delta y + \varepsilon x + \zeta = 0$, wenn $\beta\beta$ größer als $4\alpha\gamma$ sei, eine Hyperbel vorstelle. Sonst fehlen aber auch bei EULER noch allgemeine Koeffizientenbedingungen.

Das erste deutsche Lehrbuch der analytischen Geometrie scheint das Büchlein von M. HUBE, *Versuch einer analytischen Abhandlung von den Kegelschnitten* (Göttingen 1759) zu sein, das KÄSTNER mit einer langatmigen Vorrede über den Nutzen der analytischen Methode gegenüber der synthetischen versah. HUBE stellt es ausdrücklich als Zweck seiner Schrift hin, die EULERsche Kegelschnittlehre, die in einem weitläufigen und kostbaren Werke unter vielen anderen Materien abgehandelt sei, weiteren Kreisen bekanntzumachen. Ein wissenschaftlicher Fortschritt gegenüber EULER ist nicht festzustellen, wenn auch der Verfasser nicht gerade unselbständig ist. Er führt zwar zwei Achsen ein, kennt aber auch nur einen Anfangspunkt der Abszissen und bezieht alles auf die Abszissenachse. Bemerkt sei noch, daß er die Geradengleichung in der Form $y + Ax + B = 0$ bei positiven A, B konstruiert. Auch ist ihm (ebenso wie EULER selbst) vollständig klar, daß ein Kegelschnitt aus einem Geradenpaar bestehen kann, und er bringt sogar die allgemeine Gleichung zweiten Grades in die Form

$$y = -\frac{ax - b}{2} \pm \sqrt{(m^2 x^2 + nx + \frac{n^2}{4m^2} \pm p)},$$

so daß er für $p \neq 0$ immer einen Kegelschnitt im eigentlichen Sinne hat.

Im übrigen erfolgte die Popularisierung der analytischen Geometrie und überhaupt der DESCARTESschen Reform der Algebra durch die Sammelwerke, die eine Übersicht über alle Teile der Mathematik zu geben versuchten. Man darf aber ja nicht glauben, daß mit dem Jahre 1637 etwa die DESCARTESsche Bezeichnungsweise überall ihren Einzug gehalten habe. In der 3. Auflage (Tubingæ 1679; 1. Aufl. 1653) einer für württembergische Schulen bestimmten *Synopsis mathematica* von J. J. HEINLIN findet sich noch keine Spur davon. In dem großen Folioband *Cursus mathematicus* von K. SCHOTT werden trotz der sonstigen Buntheit des Inhaltes auch in der Auflage, die zu Frankfurt a. M. 1699 herauskam (1. Aufl. 1661, mehrere Auflagen; vgl. II1, 8), Kegelschnitte überhaupt nicht behandelt. Von Koordinaten ist nicht die Rede; nur gelegentlich ist neben der VIETAschen die DESCARTESsche Bezeichnung verwendet. In dem *Cursus seu mundus mathematicus* von DECHALES (2. Aufl., 4 Foliobände, Lugduni 1690, 1. Aufl. 1674; vgl. II1, 8) sind zwar Kegelschnitte behandelt, aber nach antiker Methode; über die Algebra gilt dasselbe wie für SCHOTT[1]). DECHALES wie SCHOTT haben noch das Wurzelzeichen ℞[2]).

Erst vom 18. Jahrhundert an fanden die analytisch-geometrischen Begriffe in diese Unterrichtswerke Aufnahme. Wir finden sie kurz schon in den *Anfangsgründen* (1. Aufl. Halle 1710/11) und den *Elementa Matheseos universae* (I. Bd., 1. Aufl. 1713) CHR. v. WOLFFS, ferner in den *Anfangsgründen* (8 Bde.) A. G. KÄSTNERS (III. Teil, 1. Abt., 1. Aufl. Göttingen 1760, 3. Aufl. im wesentlichen nicht geändert 1794; vgl. II1, 10), im *Lehrbegrif* (!) KARSTENS (7. Teil, Greifswald 1775; vgl. II1, 7), in SEGNERS *Cursus mathematicus* (5 Teile; Pars II, Halae 1758), in H. W. CLEMMS *Mathematischem Lehrbuch* (1. Aufl. Stuttgart 1764, 3. Aufl. 1777) und anderen. Wenn hier auch gelegentlich wie bei CLEMM und SEGNER bei der Definition der Koordinaten zwei Achsen eingeführt werden, so ist doch nirgends im weiteren Verlauf die Ordinatenachse der Abszissenachse gleichberechtigt und in keinem der erwähnten Werke ist etwa gegenüber EULER ein Fortschritt zu bemerken.

---

[1]) Es ist noch hier wie bei SCHOTT und in der S. 14 erwähnten handschriftlichen *Introduction* $a2^{-}$ geschrieben statt a^2 (vgl. II1, 4).

[2]) Um einen Begriff zu geben, was man im 17. und noch im 18. Jahrhundert alles unter »Mathematik« verstand, teile ich den besonders reichen Inhalt der 2. Aufl. von DECHALES' *Cursus* mit: I. Bd. Geschichtliche Einleitung, 14 Bücher EUKLID, Sphärik des THEODOSIUS, Kegelschnitte, Trigonometrie, Algebra, Zurückweisung Cartesianischer [philos.] Hypothesen. — II. Bd. Praktische Geometrie, Mechanik, Statik, Geographie, Magnetismus, bürgerliche Baukunst, Zimmermannskunst, Steinschnitt. — III. Bd. Militärbaukunst, Hydrostatik, Hydrographie, Hydraulik, Nautik, Optik, Perspektive, Katoptrik und Dioptrik. — IV. Bd. Musik, Feuerwerkerei, Astrolabien, Sonnenuhren, Astronomie, Astrologie, Meteorologie, Kalendarium.

Ein solcher trat erst auf in Arbeiten von MONGE und LAGRANGE, die aber zunächst aufs Räumliche gerichtet waren (s. u. S. 50/51). Von dort her übernahm die neue Anordnung und die neuen Bezeichnungen in die ebene Geometrie erst kurz vor Schluß des Jahrhunderts S. F. LACROIX in seinem *Traité élémentaire de trigonométrie rectiligne et sphérique, et d'application de l'algèbre à la géométrie* (Paris, An septième (1798/99), 8. Aufl. 1827), dessen weit überwiegender Teil der analytischen Geometrie gewidmet ist, wozu immer noch, wie bei DESCARTES' Nachfolgern (s. S. 16), eine Einleitung tritt, die algebraisch-geometrische Aufgaben enthält. Auch der DESCARTESsche Koordinatenbegriff ist noch unverändert, wenn auch die Vorzeichen in den vier Quadranten richtig eingeführt werden. Was die neue Anordnung betrifft, so ist damit gemeint, daß hier systematisch mit den Aufgaben über die Gerade begonnen wird. Hier wird zum erstenmal die Aufgabe behandelt, eine Gerade durch zwei gegebene Punkte zu legen, und das Ergebnis erscheint in der uns geläufigen Form $y-\beta=\frac{\beta'-\beta}{\alpha'-\alpha}(x-\alpha)$. Es wird ferner der Winkel und der Schnittpunkt zweier durch die Gleichungen $y=ax+b$ und $y=a'x+b'$ gegebenen Geraden bestimmt, der Abstand eines Punktes (α, β) von der Geraden $y=ax+b$ und die Entfernung zweier Punkte (α, β) und (α', β') durch die gewöhnlichen Formeln ausgedrückt. Das Dreieck und der Kreis werden hierauf behandelt in der bis heute gebliebenen Bezeichnungsweise, die durch die gegebenen Beispiele angedeutet wurde. Dann erst wird zu der allgemeinen Gleichung 2. Grades übergegangen, und es werden die drei Hauptformen der Linien 2. Ordnung aus dieser abgeleitet. Hierauf werden deren besondere Eigenschaften betrachtet. Die gemeinsame Polargleichung aller Kegelschnitte wird aufgestellt, u. a. in der Form $z=\frac{c'(1+e)}{1+e\cos\varphi}$. Die gebräuchliche Anwendung auf die Lösung höherer Gleichungen durch Schnitte von Kurven fehlt ebenfalls nicht, und es wird dabei auch die Methode mittels der Kurven $y=a+bx+cx^2+\ldots$ besprochen. Die LACROIXsche Darstellung ist so modern, daß schon die 1. Auflage des Buches ohne weiteres noch heute als Grundlage des Unterrichts an einer Oberrealschule dienen könnte. In der Tat ist noch 1897 eine 25. Auflage des Werkes erschienen. An LACROIX knüpfen mehrere Verfasser an, z.B. F.L. LEFRANÇAIS mit seinem Buche *Essais sur la ligne droite et les courbes du second degré* (Paris an IX, 1801) und J. B. BIOT in seinem weit verbreiteten *Traité analytique des courbes et des surfaces du second degré* (Paris an X, 1802; 8. Aufl. 1834). Mehr den Charakter eines aus demselben Geiste geborenen Übungsbuches hat der *Recueil de diverses propositions de géométrie* (Paris an IX, 1801) von LOUIS PUISSANT. An der Schwelle des 19. Jahrhunderts steht auch der später öfters (1805, 1807, 1809 und sehr erweitert 1813) in Buchform herausgegebene Aufsatz von G. MONGE und J. N. P. HACHETTE, *Application d'algèbre à la géométrie* (Journ. Éc. Polyt. an X (1801/02)), der als eine die elementareren Gegenstände behandelnde Grundlage von MONGES *Application de l'analyse à la géométrie* (s. u. S. 104) betrachtet werden kann.

§ 4. Vorgeschichte der analytischen Geometrie. Die Fachausdrücke.

Daß sowohl FERMAT als DESCARTES auf ihr analytisch-geometrisches Verfahren durch das Studium der Alten, insbesondere von APOLLONIUS (I, 100 f.), kamen, ist zweifellos. Aus der Kegelschnittlehre der Griechen konnte aber die analytische Geometrie erst entstehen, nachdem die Algebra hinreichend entwickelt war. Da FERMATS Algebra auf einem etwas älteren Standpunkt steht als die von DESCARTES, und FERMAT auch die einfachen Gleichungsformen explicite mitteilt, ist der Zusammenhang mit der Antike auch bei FERMAT am deutlichsten zu sehen. Ja man kann bei FERMAT, insbesondere aus seinem Versuch der Wiederherstellung der *Örter* des APOLLONIUS sogar einigermaßen erkennen, wie er auf seine Koordinatenbehandlung gekommen ist. Was aber FERMAT wie DESCARTES, und wahrscheinlich unabhängig voneinander, einführten, das war die Zählung oder Messung der Abszisse von einem festen Punkt aus auf einer festen Geraden. In den »Symptomata« der Griechen, die ins Algebraische übersetzt, in unsere Kegelschnittgleichungen übergehen, kommen in der Regel sozusagen zwei Abszissen (die beiden Abschnitte eines Durchmessers) und eine Ordinate (die konjugierte Halbsehne) vor (vgl. o. S. 3/4). Eine Erweiterung auf Behandlung höherer Kurven liegt nicht nahe und findet sich in der Antike auch nicht angedeutet. Die Bestimmung der Punkte einer Graden durch die Abstände von einem festen Punkt aus erscheint uns heute ja sehr natürlich. Nachgewiesen ist sie aber vor FERMAT und DESCARTES nicht.

Für die Stücke des Durchmessers hat APOLLONIUS keinen Fachausdruck. Er sagt z. B. »die auf dem Durchmesser bis zum Scheitel hin Abgeschnittenen«. Für das Wort »abschneiden« gebrauchten die ersten Übersetzer, wie F. COMMANDINO (1566; vgl. I, 332), das lateinische »abscindere«, und die Form »abscissa« für das Wort »Abschnitt« kommt spätestens in CAVALIERIS *Geometria indivisibilium* (1635; vgl. II1, 107) vor. In einem dem APOLLONIUSschen sehr ähnlichen Sinne tritt das Wort aber erst in der APOLLONIUS-übersetzung von ABRAHAM ECCHELLENSIS (veröff. durch A. BORELLI, Florenz 1661) auf. DESCARTES, FERMAT und ihre nächsten Nachfolger gebrauchten aber fast durchweg andere Umschreibungen für diese Durchmesserabschnitte. Als eigentlicher Fachausdruck in der heutigen Bedeutung wurde »Abszisse« wohl von LEIBNIZ (s. z. B. Briefe an OLDENBURG vom 26. Oktober und 1. November 1675) eingeführt. Vorher hatte die Strecke vom Anfangspunkt bis zum Fußpunkt der Ordinate, wenn ersterer nicht ein Kegelschnittscheitel war, überhaupt keinen eigenen Namen geführt; man nannte x, y einfach die »unbestimmten Größen«. Nur gelegentlich taucht »abscissa« bei M.-A. RICCI, *Exercitatio geometrica de maximis et minimis* (Londini 1668) als Fachwort auf.

Auch das Wort »Ordinate« entspringt einer Übersetzung nach dem Griechischen. Den von APOLLONIUS benutzten Ausdruck gab man im Mittelalter mit »linea secundum ordinem« oder mit »linea ordinis« wieder. COMMANDINO (s. o.) führte mit Erfolg »ordinatim applicata« ein und später wurden neben dieser Zusammensetzung auch die einzelnen Bestandteile dieses Ausdrucks in der Form »ordinata« und »applicata« (oder »ordonnée« und »appliquée«) angewendet, von welchen die erstere nicht vor der zweiten Hälfte des 18. Jahrhunderts siegreich wurde. Unter »Ordinate« verstand man ursprünglich bald die ganze, bald die halbe Kegelschnittsehne, welches Schwanken auch auf APOLLONIUS zurückgeht[1]). Noch EULER (in der *Introductio* 1748, s. S. 74f) begriff darunter die ganze Sehne und nannte unsere Ordinaten »applicatae«. Die Bezeichnung »Koordinaten« hat LEIBNIZ (Act. Erud. 1692) geprägt unter ausdrücklicher Hervorhebung der Gleichberechtigung von »Abszisse« und »Ordinate«. Wie wenig praktischen Einfluß das hatte, haben wir oben im einzelnen ausgeführt.

Der Anfangspunkt hieß, sofern man ihm überhaupt einen Namen gab, meistens »principium abscissarum« oder »initium abscissarum«. DE WITT (1659; s. o. S. 23) hatte den stehenden Ausdruck »initium immutabile«. Doch hat schon DE LA HIRE in den *Nouveaux Élémens* (1679) die Bezeichnung »origine« angewendet (s. o. S. 27). Die Abszissenachse wurde »linea abscissarum« genannt. Den Ausdruck »Achse« gebraucht spätestens schon BARROW in den *Lectiones geometricae* 1670; s. o. S. 22). Man muß sich aber vorstellen, daß alle diese Benennungen mit anderen nicht genannten (RICCI sagte z. B. »parallelae« für die Ordinaten) nebeneinander gebraucht wurden. Erst nach 1750 traten auch hier allmählich unsere heutigen Benennungen mehr hervor, und, wie schon mehrfach angedeutet, ist die Ordinatenachse erst im 19. Jahrhundert in allgemeinen Gebrauch gekommen.

Gemäß älteren Forschungen wurde im I. Bd. (S. 284) behauptet, daß NIK. ORESME als Vorgänger DESCARTES' in der analytischen Geometrie zu betrachten sei. Neuere Untersuchungen haben nun dargetan, daß an diesen Dingen zum Teil mehr, zum Teil weniger ist, als bisher behauptet wurde. Es hat sich nämlich herausgestellt, daß die ganze Scholastik gewisse theologische Begriffe wie die christliche Liebe, dann aber auch die Wärme, die Kälte usw. (im ARISTOTELischen Sinne), ja die Geschwindigkeit bei irgendeiner Bewegung, sich, beispielsweise in der Zeit, veränderlich dachte und über deren Veränderungen Spekulationen anstellte, zu denen zahlenmäßige (aber nicht empirische)

[1]) Ohne damit durchzudringen, hatte schon F. MAUROLICO, z. B. in der Schrift *De lineis horariis* 1553 (gedruckt in den *Opusc. math.*, Venetiis 1585; vgl. I, 331) das Wort »ordinata« in unserem heutigen Sinne verwendet.

Beispiele gemacht wurden. Oresme scheint nun der erste gewesen zu sein, der in einer großen Abhandlung, die nur handschriftlich erhalten ist und die er selbst *De difformitate qualitatum* betitelte (geschrieben vor 1371), hierfür eine graphische Darstellung vorschlug, die mit unserer heutigen sehr verwandt ist. Der a. a. O. erwähnte *Tractatus de latitudinibus formarum* ist eine kurzgefaßte Darstellung dieser Lehre, stammt aber nicht von Oresme selbst. Der wesentliche Unterschied gegenüber der heutigen Auffassung ist der, daß die Begriffe des Anfangspunktes und der Abszisse fehlen. Oresme und alle seine Nachfolger gehen immer nur von einer »Grundstrecke« aus, die etwa eine Stunde bedeuten mag. Nur innerhalb der an den beiden Endpunkten dieser Strecke errichteten Lote (die »latitudines« sind die Ordinaten) wird die »Eigenschaft« betrachtet. Die »Figur« dachte man sich oben durch eine Linie abgegrenzt, die gerade, krumm oder aus beliebigen Stücken zusammengesetzt sein konnte. Von Kurven irgendwelcher Art ist nicht die Rede[1]). Immerhin verstanden die Scholastiker, auf diese Weise z. B. die gleichförmig beschleunigte Bewegung recht gut zu behandeln, und sie begriffen, daß in jedem Falle die Fläche der »Figur« ein Maß für den Weg gibt. Das in II1 (S. 111) für Galilei beanspruchte Verfahren findet sich mit dem Ergebnis (abgesehen von der mathematischen Form) in der Tat schon bei Oresme.

Es ist in der neuesten Zeit festgestellt worden, daß sich diese graphische Darstellung wirklich bis auf Descartes fortpflanzte und daß Descartes sie kannte und gelegentlich verwendete. Aber die genaueste Untersuchung der Descartesschen Äußerungen ergab keine sichtbare Brücke zwischen dieser Darstellung und Descartes' analytischer Geometrie. Es ist sehr wahrscheinlich, daß nur uns, die wir einen weit allgemeineren Koordinatenbegriff eingepflanzt erhielten, das Gemeinsame der beiden Verfahren so offenbar erscheint. Ein Einfluß der seit alters verwendeten Koordinaten am Himmel (vgl. I, 108, 117) auf Descartes oder Fermat ist auch öfters behauptet worden, aber nicht nachweisbar und nicht wahrscheinlich. Ungezwungen allein ist der Anschluß an die antike Kegelschnittgeometrie.

---

[1]) Was in I (S. 284) über die »Infinitesimalwahrheit« gesagt wird, beruht auf einem Mißverständnis Curtzes.

ZWEITES KAPITEL.

ANALYTISCHE RAUMGEOMETRIE UND FLÄCHEN.

§ 1. Einführung der Raumkoordinaten.

Der Gedanke, wie in der Ebene Kurven durch zwei unbestimmte Größen x, y, so im Raume Kurven oder Flächen durch drei solche Größen darzustellen, scheint uns nahezuliegen. Aber dieser Gedanke findet sich gar nicht bei DESCARTES und nur andeutungsweise bei FERMAT. Während der letztere die Gestalt gewisser Körper durch ebene Schnitte zu ermitteln sucht (s. u. S. 54), gibt ersterer am Schlusse des II. Buches seiner *Géométrie* (1637) eine Anweisung, wie man Raumkurven analytisch behandeln könne. Er denkt sich die Raumkurve projiziert auf zwei zueinander senkrechte Ebenen und die beiden Projektionen bezogen auf die Schnittkante beider Ebenen als Achse. Ein Beispiel ist nicht beigefügt, und was DESCARTES noch über Normalen der Raumkurve sagt, ist falsch. Dieselbe Idee hat aber GREGORIUS A ST. VINCENTIO in seinem *Opus geometricum* (verfaßt um 1625; veröff. 1647) mehrmals wirklich, freilich in geometrischem Gewand, zur Bestimmung der Schnittkurve zweier Zylinder verwendet.

Wenn wir von der ganz ohne analytischen Zweck durch DESARGUES (*Exemple de l'une des manières* usw., Paris 1636; s. u. S. 113) erfolgten zahlenmäßigen Bestimmung von Raumpunkten durch drei senkrechte Koordinaten absehen, so findet sich die konsequente Weiterbildung des DESCARTESschen Koordinatenbegriffes zum erstenmal 1679 in DE LA HIRES *Nouv. Élémens* (s. o. S. 27), wo die Buchstaben x, y, v benutzt sind. Wenn auch LA HIRE weiter nicht darauf einging und seine *Nouv. Élémens* überhaupt kaum den Späteren bekannt waren, so muß der Gedanke doch um die Wende des 17. Jahrhunderts nicht mehr fernliegend gewesen sein. JOH. BERNOULLI mußte ihn verwendet haben, als er die Differentialgleichung der geodätischen Linien aufstellte (Mitteilung an L'HOSPITAL vom 24. Dez. 1697), die freilich erst 1742 veröffentlicht wurde (s. u. S. 93). Inzwischen hatte auch EULER 1728/29 sich mit demselben Problem befaßt und es in klarer Weise mit deutlich definierten Raumkoordinaten t, x, y gelöst (Comm. Ac. Petr. 1728 (1732). Brieflich hatte JOH. BERNOULLI schon 1715 LEIBNIZ gegenüber die Raumkoordinaten x, y, z als Lote auf drei zueinander senkrechte Ebenen definiert. Fügen wir hinzu, daß auch A. PARENT in seinen freilich auch wenig bekannt gewordenen *Essais et Recherches de Math. et de Phys.* I (Paris 1705) die Gleichung einer allgemein gelegenen Kugel- und einiger anderen Flächen in den Koordinaten x, y, z aufstellte, so sehen wir, daß wir den räumlichen Koordinaten vom Beginn des 18. Jahrhunderts an begegnen (über H. PITOT s. u. S. 92).

Die Form, in der PARENT die Gleichung der Kugel gibt, ist

$$c^2 + y^2 - 2cy + b^2 + x^2 - 2bx + a^2 + z^2 - 2az = r^2.$$

Er stellt auch das Differential dieser Gleichung her, gelangt aber nicht zur Gleichung der Tangentialebene, sondern gibt für diese nur zwei Gerade an, nämlich die Tangenten an die Schnittkreise der Kugel, die parallel zur (x, z)- bzw. (y, z)-Ebene laufen. Außerdem betrachtet PARENT noch die Konchoidenfläche $y = \overline{b + x}\sqrt{\frac{z - x}{z}}$ und die Fläche $y = \frac{z^3}{x^2 + az}$. Von diesen beiden Flächen gibt er in gewissen Grenzen eine Diskussion, indem er auf ihnen Linien der Maxima und Minima, sowie der Inflexionen für Schnitte parallel zu Koordinatenebenen (wie wir sagen würden) bestimmt. Er gebraucht die Ausdrücke »équation superficielle«, sowie »ligne solide«, ferner »tige« und »neud«, was zeigt, daß er wie LA HIRE dem DESARGUESschen Gedankenkreise angehört (s. o. S. 28).

Im Jahre 1731 erschien zu Paris ein mäßig starkes Buch, anonym, das ein neues Thema gleich in ziemlich sicherer Weise behandelte. Es sind die *Recherches sur les courbes à double courbure.* Clairauts, des Verfassers, Name ging aus zwei beigegebenen Gutachten und aus dem Druckprivileg hervor. Die Bezeichnung »Kurve doppelter Krümmung« war nicht ganz neu, aber immerhin nur gelegentlich von Pitot (Mém. Ac. Paris 1724 (1726)) gebraucht worden, der die Vermutung ausgesprochen hatte, daß solche Kurven vielleicht einmal den Gegenstand der Untersuchungen der Geometer bilden würden. Wie La Hire, den er sicher nicht kannte, führt Clairaut die dritte Koordinate ein und betrachtet die Raumkurve als durch den Schnitt zweier Zylinder gegeben, die senkrecht über zwei Koordinatenebenen auf den »courbes de projection« stehen. Auch Clairaut ist sich vollständig klar, daß eine einzige Gleichung zwischen x, y, z eine Fläche darstellt. Er gibt die Beispiele $aa = xx + yy + zz$, $\frac{n}{m} x = \sqrt{yy + zz}$, $yy + zz = ax$. Er läßt auch die Parabel $xx = au$ um die Scheiteltangente rotieren und erhält die Rotationsfläche $x^4 = aayy + aazz$. Mehrere solche Rotationsflächen werden noch aufgestellt, insbesondere auch die Ellipsoide und (einschaligen) Hyperboloide. Clairaut geht dabei von den Formen

$$\left.\begin{matrix} aa - xx \\ xx - aa \end{matrix}\right\} = \frac{aa}{bb} uu$$

aus, wo uu durch $yy + zz$ ersetzt wird.

Clairaut legt ferner dar, wie die Gleichung eines Kegels aufgestellt werden kann, wenn die Spitze gegeben ist und eine ebene Leitkurve. Er weist darauf hin, daß, wenn die Spitze im Anfangspunkt liegt, die Gleichung homogen wird. Als Beispiele werden der schiefe Kreiskegel, sodann Kegel mit den Leitlinien $s^r = a^{r-1} u$ und $\frac{as^{r+q}}{c} = u^r \overline{a \mp u}^q$ (Ellipsen und Hyperbeln beliebiger Grade) gegeben. Im weiteren werden die Aufgaben behandelt, aus den Gleichungen zweier Flächen die Gleichungen der Schnittkurve zu bestimmen und zu untersuchen, ob eine Raumkurve auf einer gegebenen Fläche liegt, alles mit Beispielen. Hierauf werden mehrere Beispiele von Raumkurven aus den gegebenen Gleichungen diskutiert, überall auch mit Berücksichtigung von negativen Koordinaten, wenn auch die Figuren durchweg (auch oben bei den Flächen) nur Stücke geben. Wie man eine Flächengleichung durch Bestimmung von Schnitten diskutieren soll, ist ebenfalls besprochen. Als Beispiel ist $xyz = a^3$ genommen, welche Fläche schon 1715 JOH. BERNOULLI zur Komplanation vorgeschlagen hatte (s. S. 48). Die Gleichung der Ebene ist im Vorübergehen als Gleichung ersten Grades erwähnt.

Die Probleme zur Anwendung der Differentialrechnung werden in der Hauptsache nur geometrisch gelöst, so die Aufgabe, zu einer Kurve, die auf einer Fläche liegt, eine Senkrechte zu bestimmen, die auch senkrecht zur Fläche oder zu dieser tangential ist, oder die Tangente einer Kurve zu bestimmen, die als Schnitt zweier Flächen mit allgemeinen Gleichungen gegeben ist. Beispiele werden nur gegeben zu der Aufgabe, die Kurve der Schnittpunkte aller Tangenten einer Raumkurve mit der »Basis«, d. i. der (x, y)-Ebene, und zur Aufgabe, die Kurve der Schnittpunkte mit der Basis aller Normalen an eine Fläche längs einer Kurve zu bestimmen. Über die Tangentialebene gibt CLAIRAUT nicht mehr als PARENT. Aus dem Abschnitt über Anwendung der Integralrechnung ist vor allem anzuführen, daß dort die Aufgabe gelöst ist, die Gleichung einer von einem Zylinder abgewickelten Kurve zu bestimmen. Eine Reihe von verschiedenen Anwendungen beschließt das Buch, dem ein ebensolches über Flächen, wie geplant war, nicht folgte.

Etwa 40 Jahre später fällt die erste größere Arbeit von G. MONGE über die abwickelbaren Flächen, wenn sie auch erst in den Mém. prés. div. Sav. 1785 veröffentlicht wurde (eingereicht 1771). Wir sehen hier von dem eigentlichen Inhalt der großen Abhandlung ab (vgl. u. S. 97) und weisen nur auf die die analytische Behandlung einleitenden drei Probleme hin. Im ersten sucht MONGE die Lotebene von einem Punkt x', y', z' auf eine Gerade, die durch die Gleichungen gegeben ist

$$\begin{aligned} a x + b y + c z + d &= 0, \\ a' x + b' y + c' z + d' &= 0. \end{aligned}$$

Die gesuchte Ebene nimmt er in der Form an $A(x - x') + B(y - y'), + C(z - z') = 0$, und er findet für $\alpha = ab' - a'b$

usw. $\frac{A}{\alpha}=\frac{B}{\beta}=\frac{C}{\gamma}$. Im zweiten Problem sucht er die Länge des Lotes von dem Punkte auf die gegebene Gerade, im dritten ist eine Kurve doppelter Krümmung durch die Gleichungen $y=\varphi x$, $z=\psi x$ gegeben und die Normalebene durch einen ihrer Punkte gesucht. Bei dieser Gelegenheit schreibt Monge die Gleichung der Geraden in einer Ebene $y=Ax+B$. Wir heben diese kleinen Dinge besonders hervor, weil die Grundaufgaben hier vielleicht zum erstenmal gelöst sind und weil insbesondere auch die Buchstabenbezeichnung von Monge sich durch das ganze 19. Jahrhundert erhalten hat. Dieselben Elementaraufgaben hat Monge später in den einleitenden drei Nummern der *Feuilles d'analyse* (1795; vgl. u. S. 104) in ganz derselben Weise behandelt.

In einer großen Abhandlung über die dreiseitigen Pyramiden (Nouv. Mém. Ac. Berlin 1773 (1775)) hat Lagrange eine Reihe von darauf bezüglichen Problemen rein analytisch gelöst. Damit wurden die Grundsätze der analytischen Geometrie wohl zum erstenmal auf solche sonst nur der elementaren Geometrie zustehenden Dinge angewendet, und das sofort mit einer großen Allgemeinheit und Eleganz. Lagrange nimmt die eine Ecke L im Anfangspunkt eines räumlichen rechtwinkligen Achsensystems an[1]) und bezeichnet die Koordinaten der anderen drei Ecken M, M', M'' mit x, y, z; x', y', z'; x'', y'', z''[2]). Er berechnet dann die Längen aller Kanten, der Seitenflächen und der Grundfläche der Pyramide. Wenn s, t, u die Koordinaten eines beliebigen Punktes der Ebene $MM'M''$ seien, so bestehe die Gleichung $u=l+ms+nt$, wo l, m, n zu suchen sind. Dies geschieht durch Einsetzen von x, y, z usw. in die Gleichung und Auflösung der drei entstehenden linearen Gleichungen. Die Ausdrücke in x, y, z; x', y', z' usw., die dabei auftreten, hat Lagrange schon am Eingang der Abhandlung alle zusammengestellt. Um die Höhe der Pyramide zu bestimmen, sucht er das Minimum von $\sqrt{(s^2+t^2+u^2)}$, worauf er auch den Inhalt in verschiedener

[1]) Die ganze Arbeit ist ohne Figuren.

[2]) Strichindizes wurden schon von Cotes (*Harmonia mens.* 1722) gebraucht, Monge benutzt in den Misc. Taur. 1770/73 zur weiteren Unterscheidung auch K', K'', K''' und sogar $'K$, $''K$ usw.

Weise ausdrückt. Er nimmt nun einen weiteren Punkt P mit den Koordinaten p, q, r an, bestimmt zuerst diese aus den Abständen PM, PM', PM'' und den Koordinaten der Punkte M, M', M'', dann gibt er die neun Kanten der Doppelpyramide und bestimmt die Diagonale LP. P wird dann zum Mittelpunkt der Umkugel der ursprünglichen Pyramide gewählt und deren Radius sowie die Koordinaten des Mittelpunktes aus x, y, z usw. errechnet. Hierauf wird mit Differentialrechnung die Entfernung π des wieder beliebig angenommenen Punktes P von der Ebene $MM'M''$ gesucht und daraus auch die Entfernungen ϱ, ϱ', ϱ'' von P zu den anderen Pyramidenflächen abgeleitet. Jetzt gibt LAGRANGE ϱ, ϱ', ϱ'' und sucht daraus die Koordinaten von P; dann werden diese Koordinaten aus dem Verhältnis der vier Teilpyramiden, die ihre Spitze in P haben, bestimmt. Indem dann LAGRANGE $\pi = \varrho = \varrho' = \varrho''$ setzt, kommt er auf die eingeschriebene Kugel und bei negativen Vorzeichen einzelner Radien auf die angeschriebenen Kugeln der Pyramide. Den Schwerpunkt findet er, indem er die Gleichungen der Ebenen aufstellt, die durch je eine Kante und die Mitte der Gegenkante gehen und deren Schnittpunkt sucht.

Den Satz, daß $\cos^2\alpha + \cos^2\beta + \cos^2\gamma = 1$, wenn α, β, γ die Neigungswinkel einer Ebene gegen drei senkrechte Koordinatenebenen sind, hat TINSEAU (Mém. prés. div. sav. 1780) aufgestellt und daraus gleich die Erweiterung des Pythagoreischen Lehrsatzes auf den Raum abgeleitet, daß nämlich das Quadrat eines ebenen Flächenstückes gleich der Summe der Quadrate seiner Projektionen auf die drei Koordinatenebenen ist. In der einfacheren Gestalt, wo das Flächenstück ein Dreieck ist, das eine rechtwinklige Ecke zu einem Tetraeder ergänzt, hat DE GUA (Mém. Ac. Paris 1783 (1786)) Anspruch gemacht, den Satz schon mehr als 20 Jahre vorher gefunden zu haben. Aber dieser einfachere Satz kommt schon in Aufzeichnungen DESCARTES' aus den Jahren 1619/21 (*Œuvres* X) vor. Veröffentlicht wurde er für den Fall dreier gleichen rechtwinkligen Kanten zuerst von JOH. FAULHABER (*Miracula arithmetica*, Augspurg 1622). DE GUA hat den Satz übrigens auf ein beliebiges Tetraeder erweitert.

Die Transformation der Raumkoordinaten wurde wohl

zum erstenmal von MEUSNIER in seiner Arbeit über die Krümmung der Flächen (Mém. prés. div. sav. 1785) im vollen Umfang verwendet. MEUSNIER nennt x', y', z' die neuen, u, v, t die alten Koordinaten und x, y, z die neuen Koordinaten des früheren Anfangspunktes. Er bezeichnet den Winkel der alten (x, y)-Ebene mit der neuen durch π und den Winkel der Schnittlinie beider Ebenen mit der neuen y-Achse durch ω. Dann lauten seine Formeln

$$\begin{aligned} z' - z &= t \cos. \omega + u \sin. \omega, \\ x' - x &= [v \cos. \omega - t \sin. \omega] \sin. \pi + u \cos \pi, \\ y' - y &= [v \cos. \omega - t \sin. \omega] \cos. \pi - u \sin \pi. \end{aligned}$$

Wie bei der ebenen analytischen Geometrie (o. S. 42) müssen wir auch hier den *Traité él. de trig. rectil.* etc. von S. F. LACROIX (Paris 1798/99) erwähnen. Dort ist in einem Anhange, der in der 1. und in der 2. Auflage (An VIII (1799/1800)) allerdings noch fehlt[1]), die moderne Bezeichnung auch für die analytische Raumgeometrie bei Behandlung der Grundaufgaben über Punkt, Gerade und Ebene durchgeführt. Auch für die Gleichung einer durch drei Punkte (x', y', z'), (x'', y'', z''), (x''', y''', z''') zu legenden Ebene $Ax + By + Cz + D$ sind die Verhältnisse der Koeffizienten berechnet. Alle einschlägigen Winkelaufgaben sind gelöst. Den Flächen 2. Ordnung und den Raumkurven sind aber nur wenige Seiten gewidmet. Auch hier hat dann BIOT (1802; s. o. S. 43) eine ausführlichere Darstellung in moderner Form gegeben.

§ 2. Flächen zweiten und höheren Grades.

Außer der Ebene und der Kugel sind »Flächen« als solche wohl im Altertum nicht betrachtet worden. ARCHIMEDES fügte zwar den damals bekannten gewöhnlichen Kegel- und Zylinderflächen noch die »Sphäroide« (d. s. Rotationsellipsoide) und »Konoide« (d. s. Rotationsparaboloide und zweischalige Rotationshyperboloide) hinzu; er betrachtete sie aber nur unter dem Gesichtspunkt von »Körpern«, um ihr Volumen zu bestimmen (vgl. I, 85 f.). Erst FERMAT versuchte in einer Abhandlung vom 6. Januar 1643:

---

[1]) Vermutlich erschien er zum erstenmal in der 3. Auflage, die mir nicht zugänglich war. Die 4. Auflage (1807) enthält ihn.

Isagoge ad locos ad superficiem, die er als Bekrönung der früheren *Isagoge* (s. o. S. 1) bezeichnete, die Theorie der Flächen als Örter unter einen allgemeinen Gesichtspunkt zu bringen. Dieser Gesichtspunkt ist die Charakterisierung der betreffenden Flächen, nämlich der hier bisher genannten sechs, nach ihren Schnittlinien mit beliebigen Ebenen. Die sechs entsprechenden Lemmata werden ohne Beweis aufgestellt. Wohl bemerkt FERMAT dann, daß es auch parabolische und hyperbolische Zylinder gebe; aber er übersieht die Existenz von allgemeinen Ellipsoiden, elliptischen Paraboloiden und zweischaligen Hyperboloiden, vollends aber die hyperbolischen Paraboloide und einschaligen Hyperboloide. Infolgedessen sind die Örter, die er gibt, zum Teil unrichtig, besonders da er keine Möglichkeit hat, die Sonderfälle zu unterscheiden. Das Verfahren, das zur Bestimmung der Örter in Anwendung kommen soll, ist nämlich nur beschrieben; jede Rechnung fehlt in dem Aufsatz. Es wird eine beliebige Ebene angenommen, und in dieser Ebene soll mittels der Analyse nach dem in der früheren *Isagoge* Gelehrten die Linie gesucht werden, die dort den gesuchten Ort darstellt. Wie sich FERMAT die analytische Ausführung dachte, ist nicht in allen Fällen klar. Da er aber den fraglichen Linienort in den von ihm angezogenen Beispielen wirklich kennt, kann er, soweit seine Lemmata hierzu ausreichen, auch den Flächenort angeben. Die Schlußbemerkung, daß jeder einsichtige Geometer die Auseinanderhaltung der Fälle, die Grenzbedingungen für die Konstanten, die Beweise für die Lemmata, die „unzähligen" Ortsaufgaben und Sätze, die er nur der Kürze wegen weggelassen habe, leicht ergänzen könne, zeigt, daß FERMAT die Schwierigkeiten, die hier vorliegen, doch sehr unterschätzte. Von räumlichen Koordinaten ist hier auch nicht andeutungsweise die Rede. Daß eine Gleichung in x, y, z einen Flächenort darstelle, sagte FERMAT ganz beiläufig an einer anderen Stelle (*Novus secundarum et ulterioris ordinis radicum in analyticis usus. Appendix. Œuvres I*).

Ellipsoide, elliptische Paraboloide und zweischalige Hyperboloide allgemeiner Art betrachtete WALLIS in seiner Schrift über die Kegelschnitte (1655; vgl. S. 19), freilich auch nur, um ihren Rauminhalt zu bestimmen. Die Benennungen sind wie bei FERMAT die antiken. Im II. Teil (1670) seines großen Werkes *Mechanica* (London 1669/71) stellt er das einschalige Rotationshyperboloid auf — er nennt es konsequenterweise »hyperbolisches Zylindroid« —, untersucht seine Schnitte, gibt auch eine Volumenformel an und macht an allen »Körpern« Schwerpunktsbestimmungen. Er bemerkt dabei sowohl die auf dem Körper liegenden Parabeln, wie auch die geraden Linien, indem er feststellt, daß im Falle der Berührung die »entgegengesetzten Hyperbeln« in »entgegensetzte Dreiecke degenerieren«.

Der erste, der die Gleichung einer Fläche (eines Rotationsparaboloides) in räumlichen Koordinaten aufstellte, war wohl DE LA HIRE (1679; vgl. S. 47). Er gab als Beispiel für ein unbestimmtes Problem, bei dem zwei Bedingungen fehlen, die Aufgabe (vgl. Fig. 7): Gegeben in einer Ebene die Gerade OB; außerhalb der Ebene einen Punkt L zu finden, daß das Lot LB immer um a größer sei als OB. Indem LA HIRE LA senkrecht auf die Ebene fällte und $LA = v$, $OB = x$, $AB = y$ setzte, fand er die Gleichung $a^2 + 2ax = y^2 + v^2$. Darüber, was diese Gleichung vorstellt, sagt er allerdings gar nichts. Er will aber in dem betreffenden Kapitel überhaupt nur zeigen, wie unbestimmte Probleme entstehen. Später sagt er ausdrücklich, man müsse, um die Beziehung der Punkte LL einer Fläche auf die Punkte einer Geraden (in Fig. 7 OB) kennen zu lernen, Linien LA parallel zueinander bis zu einer durch OB gelegten Ebene ziehen und dann Linien AB in dieser Ebene gleichfalls zueinander parallel. Er wolle sich aber mit solchen Örtern nicht beschäftigen. Es ist demnach kaum zweifelhaft, daß er sich der Bedeutung der obigen Gleichung, wenigstens als der einer Fläche, bewußt war.

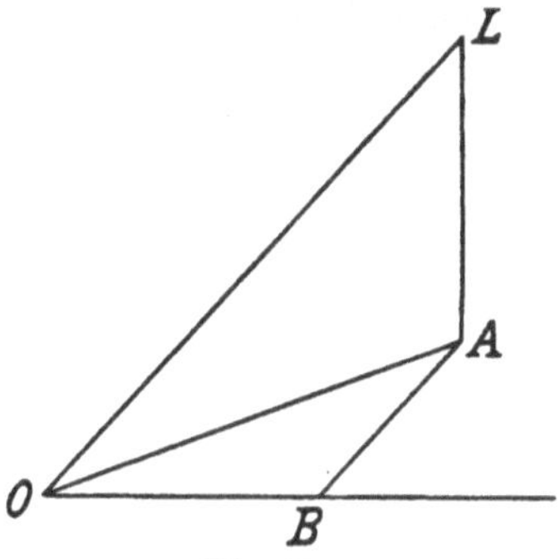

Fig. 7.

In der Abhandlung über kürzeste Linien auf Flächen (Comm. Ac. Petr. 1728 (1732); s. u. S. 93/94) behandelte

Euler auch drei besondere Arten von Flächen, nämlich Zylinderflächen, Kegelflächen und Rotationsflächen. Für diese Flächen gibt er, teilweise nur in Worten, Gleichungen an, die wir durch

$$z=\varphi(y),\quad \frac{z}{x}=\varphi\left(\frac{y}{x}\right),\quad z=\varphi(x^2+y^2)$$

ausdrücken würden (vgl. auch einen Brief an Joh. I Bernoulli vom 18. II. 1729).

Bald darauf untersuchte Jak. Hermann in einem Aufsatz der Comm. Ac. Petrop. 1732/33 (1738) mehrere Flächen, die durch ihre Gleichungen gegeben sind, halb analytisch, halb geometrisch, zuvörderst die Ebene $az+by+cx-e^2=0$, dann den »parabolisch-zylindrischen Keil« $z^2-ax-by=0$, den Kegel $z^2-xy=0$, die »Konoide« $z^2-ax^2-bxy-cy^2-ex-fy=0$ und $az^2+byz+cy^2-exz+fx^2+gz-hx=0$, hierauf die »runden Körper« mit der allgemeinen Gleichung $u^2-x^2-y^2=0$, wo $u^2=a^2-\frac{a^2z}{b}$ und $u^2=a^2-\frac{a^2z^2}{b^2}$ ($a=b$ Kugel) gesetzt wird und zum Schlusse den von Wallis (analytisch, aber ohne eigentliche Raumkoordinaten) in einem Anhang zur *Algebra* (1685) mit dem Titel *Cono-Cuneus* (»Kegelkeil«) schon behandelten Körper dieses Namens, dessen Gleichung Hermann zu $(b-z)\sqrt{(a^2-y^2)}=bx$ angibt. Schon die angeführten Namen zeigen, daß Hermann die Gebilde im wesentlichen noch als Körper ansieht, wozu die Beschränkung auf positive z, meist auch auf positive x, y beiträgt. Er bestimmt bei dem parabolischen Kegel die Tangentialebene, ohne ihre Gleichung anzugeben, bei den Konoiden die höchsten Punkte, bei den Kegeln (auch bei denen, die als Sonderfälle von Konoiden auftreten) die Kreisschnitte, sonst insbesondere beim Cono-Cuneus, den er nur im ersten Oktanten betrachtet, verschiedene Schnitte, welche die Gestalt der Körper bedingen.

L. Euler hat dem II. Band seiner *Introductio* (1748; s. o. S. 36) einen immerhin ziemlich umfangreichen *Appendix de superficiebus* beigegeben. Er sagt zuerst, daß man eine Fläche nach den Abständen ihrer Punkte von einer willkürlich angenommenen Ebene beurteilen könne. In dieser

Ebene nimmt er dann eine »Achse« mit einem »Anfangspunkt der Abszisse« an und führt so ein rechtwinkeliges Koordinatensystem ein. Zwar sagt er ausdrücklich, daß man x, y, z alle positiven und negativen Werte erteilen müsse, weist auf die Vertauschbarkeit der drei Koordinaten und der durch sie gebildeten Ebenen hin und bespricht ganz ausführlich die Symmetrieverhältnisse der Koordinaten in den acht Oktanten; aber in den Zeichnungen ist doch überall nur der erste Oktant in Betracht gezogen, die Gestalt der Flächen ist überhaupt nicht diskutiert und die Auffassung der Gebilde als Körper noch nicht überwunden. EULER zeigt sodann, daß eine Gleichung mit nur zwei Koordinaten eine zylindrische oder prismatische Fläche darstelle, eine homogene Gleichung einen Kegel (oder eine Pyramide), hierauf stellt er eine allgemeine Flächenklasse auf, die Kegel, Zylinder und Rotationsflächen umfaßt (homogene Gleichung zwischen Z, x, y, wobei Z eine Funktion von z ist), eine andere, deren Schnitte (nämlich im ersten Oktanten) senkrecht zur Achse Dreiecke sind, worunter der WALLISsche Kegelkeil fällt (s. S. 56), ferner solche, deren Parallelschnitte zueinander affin sind und noch zwei Gattungen Regelflächen, alles ohne Beispiele. Er zeigt sodann, wie man allgemein den Schnitt einer Fläche mit einer beliebigen Ebene durch eine Gleichung zwischen zwei Koordinaten t, v in dieser Ebene darstellen könne und wendet das darnach auf die genaue Untersuchung der Schnitte von Zylinder, Kegel und Kugel an, wobei er senkrechte elliptische Zylinder und Kegel zugrunde legt, welche die schiefen Kreiskegel und Kreiszylinder, die man früher betrachtete, in sich begreifen.

Ein eigenes Kapitel ist dann eingefügt zur Aufstellung der Gleichungen, die von einem rechtwinkligen räumlichen System zu einem anderen überführen. Da aber EULER genau sechs Größen einführte, wurden seine Formeln natürlich unsymmetrisch. In demselben Zusammenhang ergibt sich der Begriff der »Ordnung« einer Fläche nebst dem Satze, daß die Ordnung einer ebenen Schnittkurve höchstens gleich der Ordnung der Fläche sei. Auch auf zerfallene Schnittlinien ist hingewiesen. Als Beispiel ist die Gleichung der Ebene $\alpha x + \beta y + \gamma z = a$ gegeben, deren Neigungswinkel gegen die Koordinatenebenen bestimmt werden.

Nach all diesem unternimmt EULER zum erstenmal die Diskussion der allgemeinen Gleichung zweiten Grades in drei Koordinaten. Er spricht zuerst das Aggregat der höchsten Glieder als »Asymptotenkegel« an, gibt die Bedingungen für dessen Realität und Zerfallen und macht dann wahrscheinlich, daß die allgemeine Gleichung in die Form gebracht werden kann

$$App + Bqq + Crr + K = 0.$$

Aus dieser Gleichung leitet er nun das Ellipsoid (»elliptoeides«), das einschalige und zweischalige Hyperboloid (»superficies elliptico-hyperbolica« und »superficies hyperbolico-hyperbolica«) her. Das elliptische und hyperbolische Paraboloid (»superficies elliptico-parabolica« und »superficies parabolico-hyperbolica«) sind dann durch die Gleichungen $App \pm Bqq = ar$ gegeben. EULER erwähnt noch eigens den parabolischen Zylinder $App = aq$ und gibt ein paar Winke, wie bei gegebener beliebiger Gleichung die Art der Fläche erkannt werden kann. Die Ausführungen sind ja, besonders, was die Begründungen betrifft, noch recht unvollkommen, aber EULERS Klassifikation ist doch die Grundlage für die späteren Untersuchungen.

Schon eingangs des *Appendix* hatte EULER erklärt, daß er, nicht wie CLAIRAUT, die Kurven doppelter Krümmung gesondert betrachten wolle, da sie mit der Natur der Flächen eng zusammenhingen, und daher beschließt er den *Appendix* mit einem Kapitel über den Schnitt zweier Flächen, der im allgemeinen eine Raumkurve sei. Er zeigt dann, wie man durch Elimination je einer Variablen die Gleichungen der Projektionen dieser Kurve auf die Koordinatenebenen erhalte und wendet das auch auf den Schnitt einer Fläche mit einer Ebene an. Als Beispiel gibt er den Schnitt einer Ebene mit einer Kugel, wobei er die Bedingungen der Berührung sucht. Ferner bestimmt er zu einer Kugel zuerst einen Rotationskegel so, daß Berührung längs eines Kreises eintritt, dann auch einen elliptischen Kegel, der die Kugel in zwei Punkten berührt. Im letzteren Falle bemerkt er, daß, wenn auch die Schnittkurve nur zwei reelle Punkte hat, doch ihre Projektion auf die eine Koordinatenebene ganz reell ist. Zur Bestimmung der Tangentialebene einer Fläche gibt er auch nur das CLAIRAUTsche Verfahren an (s. o. S. 50), ohne eine Gleichung aufzustellen, die ja die »Analysis des Unendlichen« erfordern würde, zu welcher die *Introductio* nur „den Weg bereiten" soll. Ganz am Schlusse zeigt EULER, wie man zwei Flächen aufstellen kann, die sich in einer ebenen Kurve schneiden.

WARINGS Werk über algebraische Kurven (1762; s. S. 80) enthält auch ein Kapitel über algebraische Flächen (»solida«), wohl die einzigen Ausführungen vor dem 19. Jahrhundert über diesen allgemeineren Gegenstand. WARING deutet an, daß er die im I. Kapitel über ebene Kurven gegebenen Sätze fast alle auf Flächen und Kurven doppelter Krümmung ausgedehnt habe, teilt aber nur einige Sätze über Durchmesserebenen mit. Ferner gibt er noch die Zahl der unabhängigen Konstanten einer F_n zu $\frac{(n+1)(n+2)(n+3)}{1 \cdot 2 \cdot 3} - 1$ an.

Auch bedeutendere Einzeluntersuchungen über Flächen fehlen im 18. Jahrhundert. Es handelt sich dabei meist um Integrationsprobleme, zu denen die Flächen lediglich die Unterlage zu liefern haben. Wir erwähnen eine Arbeit von BRAIKENRIDGE (Phil. Trans. 1759, I), der eine Ebene sich parallel verschieben läßt, wobei sie immer eine gegebene Raumkurve und eine gegebene Gerade schneidet. Die Verbindungslinien erzeugen den neuen »Körper«. Besonders betrachtet wird der Fall, daß auch die Raumkurve eine Gerade ist (hyperbolisches Paraboloid). A. R. MAUDUIT, der einen durch die letztere Fläche gebildeten Körper zwecks Kubatur betrachtete (Mém. prés. div. sav. 1763), hat die von der vorhin angegebenen Erzeugung unabhängige, zweite Geradenschar auf der Fläche entdeckt. TINSEAU (Mém. div. sav. 1780; s. S. 52) betrachtet »Paralleloide«, die durch eine Gerade gebildet werden, die, immer einer Ebene parallel bleibend, an zwei Raumkurven gleitet. Ist die eine der Leitkurven eine auf der Leitebene senkrechte Gerade, so nennt er die Fläche »Konoid«. Damit tritt dieser Name zum erstenmal in der heutigen Bedeutung auf. Von diesem Konoid und den allgemeineren Flächen werden dann Sätze über den Flächeninhalt von Schnitten und das Volumen von gewissen Körpern abgeleitet. Das hyperbolische Paraboloid tritt ebenfalls als

Sonderfall auf, und es wird seine Gleichung in der Form $Ky = xz$ angegeben.

Auf allgemeine Schraubenflächen, die durch Schraubung einer beliebigen Meridiankurve um eine Achse erzeugt werden, hat wohl unabhängig von EULER (Nov. Act. Petrop. 1794 (1801), einger. 1778), N. FERGOLA die GULDINsche Regel (I, 404/5) ausgedehnt (Atti Ac. Nap. 1787). KÄSTNER (*Ad theoriam cochleae* etc., Diss. math. et phys., Altenburg 1771) zeigte, daß die damals übliche Ausdrucksweise, die windschiefe Schraubenfläche entstehe durch Aufwicklung einer schiefen Ebene auf den Zylinder, unrichtig sei. Eine solche Aufwicklung sei ohne Zerreißung der Ebene unmöglich, weil eben die Schraubenfläche selbst nicht abwickelbar sei. KÄSTNER bewies ferner, daß die Schmiegungsebene eines Punktes der Schraubenlinie immer durch das Lot von dem Punkte auf die Achse geht (s. u. S. 92).

Wir wissen schon aus dem Bande II1, S. 205 ff., daß G. MONGE bei Integration partieller Differentialgleichungen vielfach geometrische Gesichtspunkte obenan stellte. So gelangte er auch zu endlichen Gleichungen ganzer Flächenfamilien, in denen willkürliche Funktionen vorkommen. Von diesen seien angeführt die Gleichung $\alpha x - \beta z = \varphi(ax - by)$ für die Zylinderflächen, $z = \varphi(x^2 + y^2)$ für die Rotationsflächen. Beide erwähnt MONGE, als schon früher aufgestellt, in der viel weiter gehenden Arbeit der Mém. Ac. Paris 1784 (1787). Ebenso wird die Gleichung $z - c = (x - a)\,\varphi\left(\frac{y-b}{x-a}\right)$ für die Kegelflächen, auch als früher schon aufgestellt (vgl. o. S. 56) erwähnt in den Mém. prés. par div. Sav. IX (1780). Alle diese Untersuchungen hat MONGE später zusammengefaßt in den *Feuilles d'analyse* (s. u. S. 104) und der daraus entstandenen *Application de l'analyse à la géométrie* (Paris 1807).

DRITTES KAPITEL.

HÖHERE KURVEN IM ALLGEMEINEN.

§ 1. Von Descartes zu Newton und seinen Nachfolgern.

Wenn wir hier von »höheren Kurven« sprechen, meinen wir nur die »ebenen algebraischen Kurven«. Von Raumkurven wird im 5. Kapitel gehandelt werden. Und von den ebenen »transzendenten Kurven« (s. 4. Kapitel, § 1,4) gibt es bis heute nicht einmal eine Systematik, viel weniger eine Theorie. Die letzteren wollte Descartes, der in seiner *Géométrie* (Leyde 1637) den ersten Anstoß gab zu einer zusammenfassenden Betrachtung der algebraischen Kurven, die er »geometrische« nannte, aus der Mathematik ganz ausschließen, weil er glaubte, sie seien »mechanische«, d. h. auf eine ungenauere Weise erzeugbar als die algebraischen. Daß dies freilich nicht stichhaltig sei, bewies Leibniz, der schon von 1677 an seine Differenzialrechnung hauptsächlich auf transzendente Kurven anwandte. Von ihm stammen auch die Ausdrücke »transzendent« und »algebraisch« (Aufzeichnungen von 1679; Act. Erud. 1682 u. 1686; vgl. Joh. Bernoulli, Act. Erud. 1697), wozu er noch den Begriff der »Interszendenz« fügte (Brief an Wallis vom 28. Mai 1697; Wallis' *Opera* III (1699); Leibniz' *Gesammelte Werke*, 3. Folge, 4. Bd., Halle 1859).

Descartes hatte freilich insofern recht, als die transzendenten Kurven, besonders diejenigen, die wir heute durch einfache Polargleichungen ausdrücken, damals nicht sofort durch endliche Gleichungen zwischen x und y, was Descartes erstrebte, ausdrückbar waren, da zum Teil auch die zugehörigen Funktionsbegriffe noch fehlten. Und indem Descartes einen Mechanismus angab, der Kurven erzeugen konnte mit den Gleichungen $x^{2n} = r^2(x^2 + y^2)^{2n-2}$ (für $n = 0, 1, 2, 3, \ldots$), von denen er allerdings auch in keinem Sonderfall die Gleichung suchte, hatte er doch recht, wenn er alle so oder ähnlich erzeugten Kurven für ebenso berechtigt in der Geometrie erklärte wie die Kegelschnitte. Auch legte DESCARTES bereits Wert auf den »Grad« der Gleichung. Er ließ sich aber durch die Tatsache, daß algebraische Aufgaben 4. (6.) Grades sich auf Gleichungen 3. (5.) Grades zurückführen lassen, verleiten, überhaupt immer zwei »Ordnungen« zu einem »genre« zusammenzufassen, so daß für ihn die Kegelschnitte das erste »genre«, Kubiken und Quartiken das zweite, Quintiken und Sextiken das dritte »genre« bildeten (s. II1, 55). Diese nicht sachgemäße Einteilung wirkte noch lange Zeit nach. Außer daß DESCARTES noch einige Beispiele in seinen Darlegungen verwendete (s. o. S. 12), hat er selbst für die allgemeine Theorie der höheren algebraischen Kurven nichts weiter geleistet.

Im Jahre 1704 erschien aber eine Schrift, die alle bis dahin erfolgten gelegentlichen Äußerungen über Kurven höherer Grade weit überragte, wir meinen NEWTONS *Enumeratio linearum tertii ordinis* (s. o. S. 34). Man sieht aus den schon erwähnten noch vorhandenen Handschriften NEWTONS, wie die Sache sich allmählich gestaltete, und daß NEWTON auch umfangreiche Rechnungen nicht scheute, um zu seinen sich schließlich so einfach gebenden Resultaten zu kommen.

Der zugrunde liegende Gedanke ist ganz klar. Nachdem festgestellt ist, daß die Linien am besten nach dem Grade der Gleichung in Ordnungen eingeteilt werden, wobei NEWTON hervorhebt, daß diese dieselbe sei, wie die (mögliche) Anzahl der Schnittpunkte mit einer Geraden, werden die grundlegenden Sätze über Kegelschnitte auf die Kurven 3. Ordnung erweitert. So werden die Durchmesser definiert als diejenigen Geraden, die auf parallelen Sehnen solche Punkte verbinden, daß jedesmal die Summe der beiden Abschnitte der Sehne auf der einen Seite gleich dem Abschnitt auf der anderen Seite ist. In entsprechender Weise gehen daraus die Scheitel, bei senkrechter Lage die Achsen, und wenn alle Durchmesser in demselben Punkt sich schneiden, der »allgemeine Mittelpunkt« hervor. Wie ferner bei den nicht parabolischen Kegelschnitten das Quadrat einer Ordinate zu dem Rechteck der beiden zugehörigen Durchmesserabschnitte ein festes Verhältnis hat (s. o. S. 3/4), so ist bei den Kurven 3. Ordnung das Verhältnis zwischen dem Parallelepiped der drei zu einem Punkt eines Durchmessers gehörenden Ordinaten zu dem Parallelepiped der drei Durchmesserabschnitte konstant. Der Begriff des »latus transversum«, d. i. der Durchmesserlänge, und des »latus rectum«, d. i. des Parameters, kann so auf Kubiken erstreckt werden. Eine Kurve kann nicht mehr Asymptoten haben, als ihre Ordnung angibt. Wenn mit dem Berührungspunkt auch die Tangente ins Unendliche wandert, entsteht ein parabolischer Zweig.

Nach dieser Einleitung, die noch mehr als die angegebenen Sätze enthält, werden vier Gleichungsformen aus der allgemeinen Kurvenerscheinung abgeleitet, die darin bestehen, daß der Ausdruck $ax^3 + bxx + cx + d$ entweder gleich $xyy + ey$ oder gleich xy oder yy oder y gesetzt wird. In einer dieser Formen müsse jede Kurve dargestellt werden können. Die Koordinaten sind dabei immer schiefwinklig gedacht und wir sehen, daß Newton die Homogeneität der Gleichungen bereits völlig außer acht läßt.

Nun beginnt Newton den verschiedenen möglichen Zügen der Kubiken Namen zu geben, indem er sie nach ihrer Lage zum Unendlichen und zu den Asymptoten unterscheidet. Damit leitet er zu gleicher Zeit die Einteilung und Aufzählung der Formen ein, wie sie sich ergeben, wenn man die obigen vier Gleichungsformen zugrunde legt und diese sowohl nach den Wurzeln der Gleichung $ax^3 + bx^2 + cx + d = 0$, als auch (im ersten Falle) der Gleichung $ax^4 + bx^3 + cx^2 + dx + \frac{1}{4}e^2 = 0$ diskutiert. Eine Figur zeigt, woher Newton die letztere Gleichung bekam. Es ist dort nämlich die Hyperbel eingezeichnet, die durch die Berührungspunkte der vertikalen Tangenten geht. Diese hat die (von Newton nicht angegebene) Gleichung $2xy + e = 0$ und mit ihrer Hilfe erhält man für die Abszissen der Berührungspunkte die fragliche Gleichung 4. Grades. Es werden dann auch immer noch die Fälle unterschieden, in denen die Kurve keinen, einen oder drei Durchmesser in dem besonderen Sinne hat, daß eine Gerade eine Schar paralleler Sehnen halbiert. Ob die Asymptoten durch einen Punkt gehen oder nicht, wird ebenfalls berücksichtigt. Auch die einfachen Singularitäten, Knoten, Spitze und isolierter Punkt werden zur Klassifikation benützt. Aus diesen Andeutungen ist schon ersichtlich, daß das Einteilungsprinzip nicht gerade einheitlich war, und man hätte z. B. durch Berücksichtigung der horizontalen Tangenten (wie dies später DE GUA bemerkte; s. u. S. 71f.) noch eine Reihe weiterer Formen gewinnen können. Auch hat NEWTON selbst von seinem Standpunkt aus wirklich ein paar Formen übersehen, und die Zahl von 72 Arten, die er aufstellt, ist also etwas willkürlich.

Das hat aber gar nichts zu bedeuten gegenüber der Großartigkeit der Leistung, die in der Aufstellung dieser Arten und in der sicheren Beherrschung der vollkommen neuen und schwierigen Kurvenformen lag (s. o. S. 34). Aber NEWTON fügte noch eine weitere Bemerkung bei, die von größter Wichtigkeit ist. Wenn von einem leuchtenden Punkt aus in die unendliche Ebene die Schatten der Figuren entworfen werden, sagt er, so werden die Schatten der Kegelschnitte wieder Kegelschnitte sein, und im allgemeinen wird immer die Ordnung erhalten bleiben. Und wie der Kreis durch seinen Schatten alle Kegelschnitte erzeugt, so erzeugen die fünf divergenten Parabeln mit der gemeinsamen Gleichung $yy = ax^3 + bxx + cx + d$ alle anderen Kurven des zweiten Genus, d. h. 3. Ordnung. So könne man auch bei Kurven höherer Ordnung gewisse einfachere Kurven desselben Genus finden, durch deren Schatten alle anderen erzeugt würden.

Die Behauptung NEWTONS ist ja im modernen Sinne etwas zu unbestimmt, aber sie zeigt doch, daß NEWTON der projektive Zusammenhang der Formen ganz vertraut war. Wahrscheinlich ist NEWTON zu dieser Einsicht wirklich auf dem Wege der Projektion gekommen, den er in der 5. Sektion des I. Buches der *Principia* (1687; Lemma XXII) angedeutet hatte. Dieser Satz NEWTONS war wohl der schwierigste der ganzen Schrift, und er wurde von STIRLING, von dem wir gleich sprechen werden, noch nicht bewiesen. Erst CLAIRAUT lieferte in den Mém. Ac. Paris 1731 (1733) einen sehr durchsichtigen Beweis, indem er zunächst darauf hinwies, daß ein kubischer Kegel höchstens drei Mantellinien habe, längs deren die Wendepunkte aller

Schnittkurven liegen, so daß man Schnittkurven mit zwei oder gar keinen Wendepunkten erhalte, wenn man die Schnittebene parallel zu einer oder mehreren dieser Mantellinien lege. Eigentlich ist hierin schon die Erkenntnis enthalten, daß immer drei Wendepunkte auf einer Geraden liegen. CLAIRAUT macht dann aus der NEWTONschen Gleichung $xyy = ax^3 + bxx + ex + d$, die für sämtliche Kubiken mit Ausnahme der divergenten Parabeln gilt, die Gleichung $xyy = ax^3 + bxxz + exzz + dz^3$, die alle Kegelflächen mit den vorigen Kurven als Basiskurven darstellt, und nimmt jetzt x konstant, wodurch die Gleichung der divergenten Parabeln in y, z hervorgeht.

NEWTON gibt weiter noch eine organische Erzeugung für verschiedene Kurven an. Er läßt zwei Winkel gegebener Größe sich um ihre Scheitel A, B drehen. Die einen Schenkel sollen sich zunächst in Punkten längs einer gegebenen Geraden schneiden, dann beschreibt der Schnittpunkt der anderen Schenkel im allgemeinen einen Kegelschnitt. Läuft aber der eine Schnittpunkt selbst auf einem Kegelschnitt, der etwa durch A geht, so beschreibt der andere eine Kubik, die durch B geht und in A einen Doppelpunkt hat. Ist aber der von dem einen Schnittpunkt durchlaufene Kegelschnitt beliebig gelegen, so beschreibt der andere im allgemeinen eine Quartik mit drei Doppelpunkten, deren zwei in A und B liegen, im besonderen Falle auch eine Kubik mit außerhalb A, B liegendem Doppelpunkt. Die besonderen Fälle sind auch sonst immer sorgfältig angegeben. NEWTON konstruiert mit Hilfe dieser Sätze einen Kegelschnitt durch fünf Punkte und eine Kubik mit Doppelpunkt durch sieben Punkte und schließt die Schrift, indem er Anwendungen auf die graphische Lösung von Gleichungen mittels seiner Kubiken gibt (vgl. II1, 58). Dabei ist die Bemerkung hervorzuheben, die er eingangs dieses letzten Abschnittes macht: es sei die Anwendung der Kurven in der Geometrie die, daß durch ihre Schnittpunkte Probleme gelöst würden. Es scheint auch bis dahin keiner der Vorgänger das Studium der Kurven als Selbstzweck aufgefaßt zu haben.

JAKOB STIRLING gab seine ebenfalls (S. 34/35) schon erwähnte Schrift *Lineae tertii ordinis Neutonianae* im Jahre 1717 zu Oxford heraus. STIRLING liefert aber nicht nur

Beweise zu Newtons Sätzen, sondern gibt auch wesentliche Ergänzungen in systematischer Hinsicht, so daß man sagen kann, daß erst die Werke Newtons und Stirlings zusammengenommen der Theorie der höheren algebraischen Kurven, die letzterer »lineae rationales« nennt (Gegensatz »l. irrationales«) eine sichere Grundlage schufen. So bestimmt Stirling die Zahl der Koeffizienten in einer Gleichung n^{ten} Grades zu $\frac{1}{2}(n^2+3n)$ und bezeichnet später diese Zahl als die Zahl der Punkte, durch die eine Kurve n^{ter} Ordnung bestimmt sei. Er macht Ausführungen über den Verlauf und die mögliche Zahl der unendlichen Zweige bei Kurven gerader und ungerader Ordnung, über die Bestimmung der Asymptoten und deren Schnittpunkte mit der Kurve, er erkennt richtig den Charakter der Wendeasymptoten und die Verminderung der Dimension in y, wenn die Ordinatenachse einer Asymptote parallel ist. Auch auf krummlinige Asymptoten und Durchmesser höherer Ordnung dehnt Stirling seine Erörterungen aus. Alle Untersuchungen Stirlings knüpfen aber nicht an die Kurvengleichung selbst an, sondern an die durch das Newtonsche Parallelogramm (II1, 60) gegebene Reihenentwicklung. Dieses Parallelogramm stellt er in einer etwas anderen äußeren Form dar, ohne besser als Newton selbst zu erklären, warum denn eigentlich die einen Glieder höherer, die anderen niedrigerer Ordnung seien. Jedenfalls gibt er aber zahlreiche gut durchgeführte Beispiele sowohl für Entwicklungen im Anfangspunkt als in unendlich fernen Punkten, und er ist von der Wichtigkeit dieses Verfahrens so überzeugt, daß er mehrfach, z. B. auch bei den gewöhnlichen Asymptoten, erklärt, sie könnten im Grunde ohne Reihenentwicklung nicht behandelt werden. Stirling gibt auch den allgemeinen Charakter der Kurven mit der Gleichungsform

$$y=a+bx+cx^2+dx^3+\ldots+gx^6+\text{\&c.}$$

an und bespricht die möglichen Fälle vom 3. und 4. Grade, woraus er auf die Geradzahligkeit der imaginären Wurzeln einer Gleichung (die sich oben für $y=0$ ergibt), schließt. Zum erstenmal wohl benutzt Stirling die Reihenentwicklungen zur Diskussion vorgegebener Kurvengleichungen und gibt dafür zwei Beispiele 3. Ordnung. Den von

NEWTON aufgestellten 72 Arten fügt STIRLING vier neue hinzu.

NEWTONS organische Kurvenerzeugungen (vgl. dazu schon die *Lectiones opticae et geometricae* von I. BARROW, London 1669/70; 2. Aufl. 1674) wurden insbesondere von COLIN MACLAURIN weiter entwickelt. Schon 1719 gab MACLAURIN in den Phil. Trans. Erzeugungen von singularitätenfreien höheren Kurven in der NEWTONschen Art, ebenfalls ohne Beweise. Im Jahre 1720 aber gab er zu London ein größeres Werk *Geometria organica sive descriptio linearum curvarum universalis* heraus, das nicht nur die Beweise für alle NEWTONschen Konstruktionen, sondern auch viele eigene Entwicklungen enthielt. Er ließ z. B. den einen Winkel noch um einen Pol sich drehen, den Scheitel des andern aber auf einer Geraden laufen, während nur der eine Schenkel durch einen festen Punkt gehen sollte. Wenn dann der eine Schnittpunkt der freien Schenkel eine Gerade beschreibt, liefert der andere eine Kubik mit Doppelpunkt. In ähnlicher Weise werden allgemeine Kubiken und Quartiken mit zwei Doppelpunkten erzeugt. Auf Quartiken mit drei Doppelpunkten bzw. mit dreifachem Punkt wird hingewiesen. MACLAURIN beweist, daß dies die Höchstzahl der Doppelpunkte für eine Quartik ist. Die Erzeugung mittels fester Winkel, deren Scheitel auf Geraden laufen, wird dann auf Linien beliebiger Ordnung ausgedehnt, womit der I. Teil der *Geometria organica* schließt.

Der II. Teil bildet insofern wieder eine Verallgemeinerung des I. Teiles, als an die Stelle der Geraden, auf denen die Scheitel der festen Winkel laufen, oder längs deren sich die freien Schnittpunkte der einen Schenkelpaare befinden sollen, selbst Kurven treten. So beweist MACLAURIN, daß in dem oben erwähnten Falle, wenn die einen freien Schenkel sich immer auf einer Kurve n^{ter} Ordnung treffen, das Erzeugnis der beiden anderen Schenkel eine Kurve $3n^{\text{ter}}$ Ordnung ist. Wenn aber der Scheitel des zweiten beweglichen Winkels nicht auf einer Geraden, sondern auf einer Kurve m^{ter} Ordnung läuft, so sei die erzeugte Kurve $3mn^{\text{ter}}$ Ordnung. MACLAURIN spricht dabei zuerst den Satz aus (dessen Grundlage freilich älter ist), daß zwei Kurven m^{ter} und n^{ter} Ordnung sich in mn Punkten schneiden (schlüssiger Beweis erst von É. BÉZOUT, Mém.

Ac. Paris 1764; vgl. auch II1, 44/45). Im weiteren geht MACLAURIN auf die Erzeugung von Fußpunktkurven, auch höherer Ordnung, ein, über die er im Jahre 1718 in den Phil. Trans. schon einen Aufsatz geliefert hatte. Auch Kurven, die als Folge von Zentralkräften, die nach umgekehrten Potenzen der Entfernung wirken, auftreten, werden besprochen. Am Schlusse beschäftigt sich MACLAURIN mit der Bestimmung von Kurven durch gegebene Punkte. Er kommt dabei schon auf die Schwierigkeit, daß $\frac{1}{2}n(n+3)$ Punkte die Kurve n^{ter} Ordnung bestimmen, n^2 Punkte aber nicht, da sich zwei Kurven n^{ter} Ordnung ja in n^2 Punkten schneiden und diese beiden Zahlen bei Kubiken gleich groß sind (s. u. S. 79). Auch gab schon MACLAURIN die Maximalzahl der Doppelpunkte einer Kurve zu $\frac{1}{2}(n-1)(n-2)$ an, indem er zeigte, daß bei Vorhandensein von einem weiteren Doppelpunkt sich durch die Doppelpunkte und $n-3$ weitere Punkte der Kurve eine C_{n-2} legen ließe, die mit der Grundkurve einen Schnittpunkt mehr hätte, als sie haben könnte. Die Beweise und die ganze Darstellungsform in der *Geometria organica* sind im allgemeinen geometrisch, doch werden auch in einzelnen Fällen die Gleichungen der erzeugten Kurven in etwas umständlicher Weise abgeleitet.

Ähnliche Erzeugungen gab, offenbar unabhängig von MACLAURIN, WILLIAM BRAIKENRIDGE in der Schrift *Exercitatio geometrica de descriptione linearum curvarum* (London 1733). Nur benützte er nicht Winkel, sondern Gerade, die sich um feste Punkte A, B, C,... drehen und deren eine Schnittpunkte N, S,.... auf gegebenen Kurven laufen sollten, so daß die anderen Schnittpunkte O,.... bestimmte Kurven beschrieben. BRAIKENRIDGE geht von dem einfachen Falle aus, daß drei Grundpunkte vorhanden sind und N, S auf Geraden laufen. Dann beschreibt O einen Kegelschnitt. Hierauf geht er über zu dem Fall, daß N eine Gerade, S eine C_n beschreibt, dann liefert O eine C_{2n}. Ist ferner der Ort von N eine C_m, der Ort von S eine C_n, so durchläuft O eine C_{2mn}. Für n Grundpunkte gelangt er nur zu dem Satz, daß, wenn $(n-1)$ der $\frac{1}{2}n(n-1)$ Schnittpunkte aller n Geraden auf Geraden laufen, die übrigen $\frac{1}{2}(n-1)$ $(n-2)$ lauter Kegelschnitte beschreiben. Einige Erweiterungen gab BRAIKENRIDGE noch in den Phil. Trans. 1735/36, in welchem Bande MACLAURIN auch auf einige der BRAIKENRIDGEschen Sätze als von ihm schon früher entdeckt, wenn auch nicht veröffentlicht, Anspruch machte. MACLAURIN gibt dort den neuen Satz, daß bei n Grundpunkten, wenn durch diese die Seiten eines n-Ecks sich so drehen, daß $(n-1)$ Ecken auf Kurven C_l, C_m, C_n,.. laufen, die n^{te} Ecke eine Kurve der Ordnung $2lmn\ldots$.. beschreibt.

Dieselbe Aufgabe, die sich STIRLING gestellt hatte, suchte F. NICOLE (Mém. Ac. Paris 1729 (1731)) mittels der »gewöhnlichen Methoden« zu lösen. Er dachte zunächst die Ordinaten u als einer Asymptote parallel laufend, so daß u nur im zweiten Grade in der Gleichung vorkam, löste nach u auf und erhielt aus der ganz allgemeinen Kurvengleichung durch Nullsetzen verschiedener Koeffizienten 31 Formen, die er durch Achsenumformung auf die vier NEWTONschen Formen zurückführte. Sowohl Reihenentwicklung wie Differentialrechnung sind gänzlich vermieden. Die erste der NEWTONschen Gleichungen, nämlich $xyy-ey = ax^3+bxx+cx+f$, diskutiert er hierauf nach den Formen und Eigenschaften der durch sie dargestellten Kurven und bestimmt besonders die Fälle, in denen zwei oder drei Durchmesser auftreten. Die Arbeit bricht aber dann ab, und die angekündigte Fortsetzung ist nie erschienen.

Die Betrachtung höherer Kurven als von der 3. Ordnung führte natürlich auch gelegentlich zu höheren Singularitäten. Über die theoretische Möglichkeit solcher veröffentlichte MAUPERTUIS (Mém. Ac. Paris 1729 (1731)) einen kleinen, aber bemerkenswerten Artikel. Ohne analytische Entwicklungen legt er dar, daß Wendepunkte und Spitzen[1]) in der Reihenfolge Wendepunkt-Wendepunkt, Spitze-Spitze und Spitze-Wendepunkt unmittelbar aufeinanderfolgen können, so daß im ersten Falle ein »point de serpentement« (Flachpunkt), im zweiten Falle ein »point de double pointe« (Spitzpunkt), im dritten Falle die von DE L'HOSPITAL (*Analyse des infiniment petits*, Paris 1696) bereits entdeckte Schnabel-

[1]) Einfache Wendepunkte hatte schon FERMAT 1638, dann HUYGENS im Anhang der Schrift *De circuli magnitudine inventa* (Lugd. Bat. 1654), in der Folge F. v. SCHOOTEN (DESCARTES' *Geometria*, Amst. 1659) und R. DE SLUSE in der 2. Aufl. des *Mesolabum* (Leod. Ebur. 1668) in Betracht gezogen. Einfache Spitzen waren schon im Altertum (z. B. bei der »Kissoide«; s. u. S. 82) vorgekommen.

spitze (»point de rebroussement de la seconde sorte«) entstehe. Die Tangente habe in jedem dieser Fälle drei Elemente mit der Kurve gemein, die im ersten Falle unmittelbar aufeinander folgen, im zweiten ganz aufeinander liegen, während im dritten zwei aufeinander liegen und das dritte daran anschließt (Fig. 8). Jedesmal habe die Tangente vier zusammenfallende Schnittpunkte mit der Kurve. Abgesehen davon, daß zur Schnabelspitze noch ein Doppelpunkt hinzugehört, sind die Vorstellungen MAUPERTUIS' durchaus richtig. Die Theorie der Kurvenelemente ist in der neuesten Zeit von G. HALPHEN (z. B. Mém. prés. div. sav. Paris 1877) und M. NOETHER (vgl. Math. Ann. IX, 1875) zu einer vollständigen Theorie der höheren Singularitäten ausgebaut worden.

Eingehend beschäftigte sich mit vielfachen Punkten und höheren Singularitäten, sowie mit den gerad- und krummlinigen Asymptoten der Kurven CH. B. DE BRAGELOGNE, der es unternahm, in einer breit angelegten Arbeit

Fig. 8.

nach dem Vorbild NEWTONS die Kurven 4. Ordnung zu klassifizieren. Von dieser Arbeit wurde aber nur der schon ziemlich umfangreiche I. Abschnitt in drei Fortsetzungen der Mém. Ac. Paris 1730 (1732) und 1731 (1734) veröffentlicht. In diesem Abschnitt sind nur die allgemeinen Grundsätze, die der Einteilung der Kurven vorausgehen müssen, dargelegt. BRAGELOGNE wendet sowohl analytische Umformung als Differentialrechnung an, letztere nach der Methode von JOS. SAURIN (Mém. Ac. Paris 1716 (1741 ?)). Seine Aufzählung der bei Quartiken möglichen Singularitäten ist noch nicht vollständig, aber er entdeckte doch immerhin den isolierten Selbstberührungspunkt (»lemniscate infiniment petite«), behandelte den k-fachen Punkt ziemlich allgemein und hatte klare Vorstellungen von den Flach- und Wendepunkten höherer Ordnung. Über die Einteilung selbst wurde in den Mém. Ac. Paris 1732 (1735) nur noch ein Bericht veröffentlicht. Aus ihm geht hervor, daß BRAGELOGNE die Quartiken zunächst in vier Klassen unterschied, je nachdem die eine Variable auf die 1., 2., 3. Potenz zurückgeführt werden kann oder gleich der anderen in der 4. Potenz vorhanden sein muß. Die am Schlusse des Berichtes ausgesprochene Absicht, die ganze Abhandlung solle in einem gesonderten Band erscheinen, ist nie verwirklicht worden.

§ 2. De Gua, Euler, Cramer und Nachfolger.

Im Jahre 1740 gab zu Paris JEAN PAUL DE GUA DE MALVES einen Band in Klein-Oktav heraus *Usages de l'analyse de Descartes*, worin er, wie auch im Titel noch näher ausgeführt ist, den Vorzug der rein analytischen DESCARTESschen Methode gegenüber der Differentialmethode bei der Behandlung der algebraischen Kurven ins rechte Licht rücken wollte (s. o. S. 36). Der Verfasser hat alle seine Vorgänger genau studiert und kritisiert lebhaft an ihnen herum, wobei er nicht immer ganz recht hat. Das Buch ist aber sonst voll guter und vielfach neuer Gedanken, die die Theorie der algebraischen Kurven wesentlich hätten fördern können, wenn sie von den Nachfolgern mehr beachtet worden wären. Vor allem ist DE GUA klar geworden, daß die unendlich fernen Punkte, deren Zweige anders gestaltet sind als die einer einfachen Parabel oder Hyperbel, nichts anderes sind als singuläre Punkte, die man durch Projektion in den im Endlichen liegenden Anfangspunkt bringen kann. Demgemäß gestaltet er das NEWTONsche Parallelogramm (II1, 60) zu einem »algebraischen Dreieck« um, dessen Seiten und Ecken er als gleichberechtigt erkennt. Diese Verhältnisse stellt er auch in sehr einfacher Weise durch die Projektionsformeln $x = \pm\frac{pq}{z}$, $y = \pm\frac{pu}{z}$ dar, wo p, q Konstante sind.

Zur Diskussion und Einteilung der singulären Punkte selbst, die einen Hauptteil von DE GUAS Arbeit ausmacht, verlegt er mittels der Transformationsformeln $x = p + z + nu$ und $y = q + mu$ den Anfangspunkt in den singulären Punkt (p, q) und während er die Abszissenachse festhält, dreht er nach Bedarf (durch Veränderung vom m, n) die Ordinatenachse. Er findet dann, daß der singuläre Anfangspunkt durch eine oder mehrere Kurven der Gleichungsform $y^m = A x^n$ gekennzeichnet wird, glaubt aber, das erste

Glied $A x^n$ charakterisiere den Zweig in jedem Falle schon vollständig, so daß er kühn behauptet, oder wie er sagt „a priori beweist“, daß es eine Schnabelspitze, die Maupertuis von de L'Hospital übernommen hatte (s. o. S. 69), unmöglich geben könne. Gegenüber dieser Entgleisung steht auch bei diesen Betrachtungen über singuläre Punkte und unendliche Zweige als Vorzug, daß sie sich auf Kurven beliebiger Ordnung, nicht wie bisher nur auf solche 3. und 4. Ordnung, beziehen. Die Ursache des Fehlschlusses de Guas bezüglich der Schnabelspitze wurde erst von Euler (Mém. Ac. Berlin 1749 (1751)) aufgedeckt.

De Guas einsichtige Auffassung der Projektionsmethode führte ihn auch zu dem bis dahin nicht ausgesprochenen Satze (s. o. S. 65), daß, wenn eine Kubik drei Wendepunkte habe, diese immer auf einer Geraden lägen. Habe sie aber nur zwei, so sei ihre Verbindungslinie zu zwei hyperbolischen oder parabolischen Zweigen mit Durchmesser parallel; es war also de Gua nicht klar, daß dann der dritte im Unendlichen liegt. Andererseits führten seine Betrachtungen, die nur oft zu sehr in Worten ausgeführt sind, zu einem abschließenden Beweis des Newtonschen Satzes von den fünf divergenten Parabeln (s. o. S. 64).

Die Methoden, welche die Differentialgeometer zur Bestimmung der einfachen singulären Punkte (für Wendepunkte z. B. Leibniz, Act. Erud. 1684) angegeben hatten, führt de Gua immerhin an, nicht ohne sie im einzelnen zu bekritteln und seine nach Descartes ausgebildete Methode für weit besser zu erklären. Er wollte sogar Integralprobleme mit der Analysis des Descartes in viel einfacherer Weise in einem neuen Werk behandeln, das aber nie geschrieben wurde. Daß freilich die Differentialmethoden nötig sind bei Problemen, die auf »mechanische« Kurven führen (wozu er alle Evoluten zu rechnen scheint) und auch bei Behandlung gewisser Eigenschaften der »mechanischen« Kurven (vgl. o. S. 61), gibt er offen zu. Er selbst verwendet die Differentiation auch, aber, wie er sagt, nur zur Abkürzung der Rechnung, wie bei der Bestimmung des Mittelpunktes einer Kurve (s. o. S. 36), von welcher der ganze erste Abschnitt des Buches handelt.

Im dritten Abschnitt des Buches gibt de Gua die Lösung einiger Probleme mittels der Methoden, die im zweiten Abschnitt entwickelt worden waren. Dazu zählt auch noch die allgemeinste Transformation der (immer schiefwinkligen) Koordinaten, die er in die Form bringt

$$x = p + ns + \overline{ng + h} \cdot r, \quad y = q + ms + mgr,$$

wo zwischen den Koeffizienten m, n, g, h eine Beziehung besteht. Als Beispiel wählt er zunächst die Kubik $y^3 = x^3 - ax^2 + b^2x$. Weiter gibt er eine ins einzelne gehende Diskussion der möglichen Formen der Cassinischen Kurven (s. u. S. 84), wobei er nicht bloß Gleichungen wie $yy + xx + 2bx + bb = 0$ als imaginäre Geradenpaare der Art $y = \overline{x + b} \cdot \pm \sqrt{-1}$ oder als Kreise mit dem Radius Null deutet (s. o. S. 36), sondern sogar dem Begriffe der HESSEschen Kurve nahekommt, indem er die »Resultante«, die sich ihm zur Bestimmung der Wendepunkte ergibt, als Kurve betrachtet und sie die Wendepunkte auf der ursprünglichen Kurve ausschneiden läßt (mit Figur). Er diskutiert dann noch zwei Quartiken, sowie die allgemeinen parabolischen Kurven $y = a + bx + \ldots. + px^n$ und macht Bemerkungen über die Einteilung der Kurven.

PATRICK MURDOCH, der im Jahre 1746 zu London ein Buch erscheinen ließ *Neutoni genesis curvarum per umbras*, kannte DE GUAS Werk nicht. Er stellte sich zur Aufgabe, das auszuführen, was NEWTON nur angedeutet hatte und was auch bei STIRLING noch unvollendet geblieben war, indem er zugleich die Grundzüge der Linearperspektive darlegte (vgl. S. 116) und auch Anwendungen auf Kegelschnitte gab. Er leitete dieselben einfachen Projektionsformeln ab wie DE GUA. Indem er dann der Bildebene verschiedene Lagen erteilte, zeigte er, wie man alle 72 von NEWTON und noch die vier von STIRLING dazugefügten Arten aus den fünf divergenten Parabeln ableiten könne. Diesen 76 Arten fügte er zwei neue hinzu, die aber schon von DE GUA angegeben waren und auf die bereits 1736 E. STONE hingewiesen hatte (veröff. Phil. Trans. 1739/40 I (1744)). Diese Ausführungen nehmen fast die Hälfte des Buches ein. Außerdem gibt MURDOCH noch einige Sätze über Schnittpunkte von Verbindungslinien, die zwischen den Berührungspunkten gewisser Tangenten gezogen werden können. Es sind das aber nur Unterfälle der allgemeineren Sätze, die schon MACLAURIN, dem

MURDOCH überhaupt viel verdankt, im I. Bde. des *Treatise of Fluxions* (Edinburg 1742) veröffentlicht hatte.

Noch nach dem Tode MACLAURINS (1746) erschien eine ziemlich umfangreiche Abhandlung von ihm über algebraische Kurven. Diese Abhandlung wurde dem *Treatise of Algebra* beigegeben (London 1748; vgl. II1, 43) und hat den Titel *De linearum geometricarum proprietatibus generalibus*. In ihr gibt MACLAURIN zunächst einige allgemeine Sätze über die Durchmessergleichung einer Kurve und über die Summe der reziproken Werte der auf einer Transversale von einem Punkt P aus gemessenen Abschnitte bis zu den Punkten A, B, C, . . . der Kurve, dann einen Beweis für den besonderen Satz, daß der harmonische Mittelpunkt M der Punkte A, B, C, . . ., für welchen

$$\frac{1}{PM} = \frac{1}{PA} + \frac{1}{PB} + \frac{1}{PC} + \cdots,$$

bei Drehung der Transversale um P auf einer Geraden (Polare!) liegt. Dieser Satz war MACLAURIN aus den hinterlassenen Papieren von COTES bekannt geworden. In einem zweiten Abschnitt kommen projektive Sätze über Kegelschnitte, unter denen sich kaum Neues befindet. Im dritten Abschnitt aber bringt MACLAURIN Sätze über Schnittpunkte von Geraden mit Kubiken und die Tangenten in diesen Schnittpunkten, deren größere Zahl damals offenbar noch nicht bekannt war.

In demselben Jahre wie MACLAURINS *Algebra* erschien auch EULERS *Introductio in Analysin Infinitorum*. Wir wissen (vgl. S. 36f), daß der II. Bd. der *Introductio* ausschließlich der Geometrie, und zwar der analytischen Geometrie, gewidmet ist. EULER faßt dort in sehr übersichtlicher und geschickter Weise das Wissen der Zeit zusammen, ohne gerade die Lehre von den Kurven durch wichtige neue Ergebnisse zu bereichern. Die Lehre von den gerad- und krummlinigen Asymptoten behandelt er ohne das algebraische Dreieck, lediglich durch Diskussion der Zerfällung der Ausdrücke des n^{ten}, des $(n-1)^{\text{ten}}$ usw. Grades in lineare Faktoren. Er kannte offenbar weder STIRLING noch DE GUA, und des letzteren Gedanke der Gleichberechtigung des Unendlichfernen mit dem Endlichen ist ihm völlig fremd. Nach der Art des Verhaltens im Unendlichen gibt er dann eine Einteilung der Kubiken in 16 Gattungen. Dabei hebt er mit Recht hervor (wie auch de Gua es getan hatte), daß Newton bei seinem Einteilungsprinzip noch weit mehr Arten hätte aufstellen können, und betont, daß seine eigene Einteilung abschließend sei. Er gibt dann auch für jede seiner Gattungen die Normalform der Gleichung an und die Nummern der Newtonschen Arten, die dazu gehören. In derselben Weise stellt er 146 Gattungen für Quartiken auf. Das wenige, was Euler über Durchmessereigenschaften und Ähnliches bezüglich der Kubiken bringt, leitet er aus der allgemeinen Gleichung ab. Noch kürzer sind die Ausführungen über die Ableitung der Gestalt einer Kurve aus der Gleichung. Auch über die Tangenten in einfachen und vielfachen Punkten wird schnell hinweggegangen. Hat der vielfache Punkt die Koordinaten p, q, so wird die Gleichungsform für die Kurve bei Doppelpunkt als

$$P(x-p)^2+Q(x-p)(y-q)+R(y-q)^2=0$$

angegeben, ebenso die entsprechenden Formen bis zum 4. Grade einschließlich.

Im Anschluß hieran behandelt Euler die Lehre von der Krümmung etwas ausführlicher und in eigenartiger Weise, indem er zunächst eine Näherungsparabel und erst zu dieser den Krümmungskreis bestimmt. Für die Gleichungsform $0=At+Bu+Ct^2+Dtu+Euu+Ft^3+Gttu+Htu^2+$ &c., gibt er die Länge des Krümmungsradius für den Koordinatenanfangspunkt an als $\frac{(A^2+B^2)\sqrt{(A^2+B^2)}}{2(A^2E-ABD+B^2C)}$. Aus dieser Formel schließt er auch auf einfache und höhere Wendepunkte, wozu die Glieder 3. Grades herangezogen werden. Desgleichen werden einfache und höhere Spitzen im Anfangspunkt diskutiert und als gemeinsame Form für alle Möglichkeiten die Näherungskurve $\alpha r^m=s^n$ angegeben. In diese Betrachtungen hinein paßt natürlich die Schnabelspitze nicht, deren wirkliches Vorkommen er aber mit einem gut gewählten Beispiele belegt (vgl. o. S. 72).

Die folgenden Kapitel behandeln Kurven mit Durchmessern und die Erfindung von Kurven mit gegebenen

Ordinateneigenschaften. Das letztere ist so gemeint, daß z. B. die Kurvengleichung in der Form gegeben wird $yy - Py + Q = 0$; die beiden zu einem x gehörenden Ordinaten seien PM und PN, und es soll dann z. B. $PM^n + PN^n = a^n$ (n auch negativ oder gebrochen) sein. Ähnlich für die Kurvenform $y^3 - Py^2 + Qy - R = 0$.

Im nächsten Kapitel sucht Euler Kurven durch andere Bedingungen zu bestimmen. Auch diese Bedingungen sind aber sehr beschränkt, und sie beziehen sich lediglich auf Eigenschaften der Abschnitte, die auf einem vom Anfangspunkt ausgehenden Strahl gebildet werden. Euler stellt zuerst die allgemeinen Gleichungen von algebraischen Kurven auf, die auf einem solchen Strahl nur einen, zwei oder drei Schnittpunkte haben. Dabei gebraucht er beiläufig Polarkoordinaten, indem er den Strahl $CM = z$ setzt und den Neigungswinkel gegen die x-Achse mit φ bezeichnet, so daß $x = z \cos\varphi$, $y = z \sin\varphi$ ist[1]). Dann stellt er Bedingungen wie $CM + CN = \text{const.}$, $CM^2 + CN^2 = \text{const.}$, $CM^n + CN^n = a^n$ u. a. und bespricht die zugehörigen Kurvenklassen. Ähnlich auch noch für drei Schnittpunkte.

Ein eigenes Kapitel widmet Euler der Ähnlichkeit und Affinität der Kurven. Er spricht vor allem wiederholt aus, daß eine in x, y allein homogene Gleichung nur ein System (»aliquot«) von Geraden durch einen Punkt darstelle. Werde aber die Homogeneität der Gleichung durch einen einzigen »Parameter« a hergestellt, so seien alle Kurven der Gleichung ähnlich. Er gibt als Beispiel $y^3 - 2x^3 + ayy - aax + 2aay = 0$ und weist nach, daß, wenn die Koordinaten einer anderen Kurve des Systems mit X, Y bezeichnet werden, immer $x = X/n$, $y = Y/n$ ist. »Affin« nennt sodann Euler zwei Kurven, für deren Koordinaten die Beziehung $x = X/m$, $y = Y/n$ gilt. Das ist noch unser heutiger Affinitätsbegriff. Im weiteren gibt Euler noch mehrere Beispiele, wie man Kurvensysteme aufstellt, die einen variablen Parameter haben.

Es ist bemerkenswert, daß Euler auch ein Kapitel über transzendente Kurven einschiebt. Er behandelt kurz die trigonometrischen Linien, die logarithmische Kurve,

---

1) Euler hatte hierin einen Vorgänger an J. Hermann (Comm. Ac. Petr. 1729 (1735)), der allerdings noch m und n statt $\sin\varphi$ und $\cos\varphi$ schrieb. Der Radiusvektor hieß auch bei Hermann z.

die Zykloide und die Epi- bzw. Hypozykloiden, die Linie $x^y = y^x$ und die Spiralen. Bei den letzteren gebraucht er wieder Polarkoordinaten, indem er den Polarstrahl wie früher z, den Polarwinkel (im Bogenmaß gemessen) aber s nennt. Differentialrechnung wird weder hier noch anderswo in dem Bande angewendet.

Ein in dem gleichen Jahre 1748 wie EULERS *Introductio* zu Mailand erschienenes zweibändiges Werk, das auch viel Einschlägiges enthält, die *Istituzioni analitiche* von M. G. AGNESI, verdient an dieser Stelle wenigstens eine Erwähnung, als auf italienischem Boden erwachsen und von einer Frau verfaßt. Bald darauf, im Jahre 1750 zu Genf, kam aber ein dickes Buch in Quart heraus, eigens der Kurvenlehre gewidmet, das die bisherigen Untersuchungen zusammenfaßte, ergänzte und mit vielen Beispielen belegte, die *Introduction à l'analyse des lignes courbes algébriques* von G. CRAMER. CRAMER hat seine von uns hier aufgeführten Vorgänger alle studiert. Insbesondere erwähnt er DE GUA, dem er u. a. die „glückliche Idee" der Ersetzung des NEWTONschen Parallelogramms durch ein Dreieck entlehnte, wenn er ihm auch nicht folgt in der „Verachtung der unendlichen Zweige und der vielfachen Punkte". EULERS *Introductio* erklärt er als zu spät erschienen, als daß er noch größeren Nutzen aus ihr hätte ziehen können. In der Tat weichen beide Werke, worauf CRAMER mit Recht hinweist, in den Methoden stark voneinander ab. Auch CRAMER vermeidet aber die Anwendung der Infinitesimalrechnung, die er zur Behandlung der transzendenten Kurven für nötig erklärt. Freilich gerät er dadurch oft in Weitläufigkeiten, insbesondere bei Koordinatentransformationen, wo er den TAYLORschen Lehrsatz durch lange binomische Entwicklungen ersetzt. Im Gegensatz zu EULER ist ihm die Verwendung trigonometrischer Funktionen in algebraischen Rechnungen noch fremd.

Wir wollen hier keine vollständige Übersicht über das ganze Werk geben, sondern nur auf die Punkte hinweisen, in denen CRAMER das von den Vorgängern Übernommene wesentlich weiter ausgebaut hat. Dies betrifft vor allem die Anwendung des analytischen Dreiecks und damit der Reihenentwicklungen auf singuläre Punkte im Anfangspunkt und unendliche Zweige. CRAMER führt insbesondere genau aus, welches in einer unentwickelten Gleichung die Glieder gleich hoher Ordnung in bezug auf das Unendlichkleine oder Unendlichgroße sind, um zur NEWTONschen Linealregel zu kommen. Hierbei berührt sich seine Darstellung mit der in MACLAURINS *Algebra* (1748). Dieses Werk führt er aber nicht an, weil er es sicherlich nicht mehr benutzen konnte. Er zitiert neben den Werken der bedeutenderen Mathematiker noch B. DE FONTENELLES *Géométrie de l'infini* (Paris 1727) und W. J. s'GRAVESANDES *Matheseos universalis elementa* (Leiden 1727), Bücher, die jedenfalls nur sekundäre Bedeutung haben. CRAMER macht besonders auf die Notwendigkeit aufmerksam, in gewissen Fällen mehr als das erste Glied der entsprechenden Reihen zu benutzen. Damit kommt er zu einer richtigen Behandlung der Schnabelspitze. EULERS Abhandlung darüber, die zu den nämlichen Ergebnissen führte (vgl. o. S. 72), war noch nicht erschienen. Für die Auffindung der folgenden Reihenglieder stellt er ziemlich allgemeine praktische Regeln auf. Ein weiterer Punkt, dem CRAMER besondere Aufmerksamkeit schenkt, sind die Gabelungen der Reihen, die gleich im Anfang auftreten, wenn nicht nur zwei, sondern drei oder mehr Glieder auf der bestimmenden Geraden liegen, die aber auch erst im Laufe der weiteren Entwicklung sich einstellen können. In eine abschließende Theorie sind diese Reihenentwicklungen erst 1850 durch V. PUISEUX gebracht worden.

Einen sehr großen Raum nimmt bei CRAMER die Anwendung der Reihenentwicklungen auf unendliche Zweige ein. Die Nebensächlichkeit dieser Betrachtungen über gerade und krummlinige Asymptoten aller Ordnungen bei Rücksichtnahme auf den von DE GUA beiläufig erwähnten projektiven Standpunkt leuchtete CRAMER offenbar nicht ein. Er betonte vielmehr, daß gerade die unendlichen Zweige zu einer sicheren Einteilung der Kurven verschiedener Ordnung führen, und gab solche Einteilungen für die Linien der fünf ersten Ordnungen an. Auch den vielfachen Punkten, insbesondere den höheren Wende- und Flachpunkten, widmet CRAMER, wie schon angedeutet, besondere Aufmerksamkeit. Er bestimmt, wie übrigens schon DE GUA (s. o. S. 71f.) getan hatte, die Anzahl $\frac{1}{2}tt + \frac{1}{2}t - 2$ der Bedingungen, denen eine Kurve unterworfen werden muß, damit sie einen t-fachen Punkt haben kann. Ferner gibt er eine Tabelle für die ersten acht Ordnungen, welche vielfachen Punkte und in welcher Zusammenstellung die Kurven solche haben können. Die verschiedenen Arten von vielfachen Punkten, die bei den Kurven der ersten sechs Ordnungen auftreten können, werden im letzten Kapitel noch (nicht ganz vollständig) zusammengestellt. Das nach CRAMER benannte »Paradoxon« über die Anzahl der Schnittpunkte zweier Kurven gleicher Ordnung im Vergleich zur Anzahl der eine Kurve bestimmenden Punkte tritt hier auf (vgl. o. S. 68). Sonst sei nur noch die Behandlung der Durchmesser (auch höherer Ordnung) und der Krümmung hervorgehoben. Der Krümmungsradius wird unter Voraussetzung der Reihenentwicklung $y = A + Bz + Czz + Dz^3 + \dots$ in der Form $\frac{(1+BB)\sqrt{(1+BB)}}{2C}$ gegeben. Den Krümmungen der Parabeln $y = ax^h$ im Anfangspunkt geht CRAMER genau nach.

Über CRAMER hinaus sind im 18. Jahrhundert keine wesentlichen Fortschritte gemacht worden. Ein fester Besitzstand von Kenntnissen über höhere Kurven ging in alle damals zahlreich auftretenden Werke zusammenfassenden Charakters über (vgl. o. S. 41). Wir müssen aber noch auf einige Einzelerscheinungen hinweisen. So gaben DIONIS DU SÉJOUR und M. B. GOUDIN zu Paris 1756 anonym einen *Traité des courbes algébriques* in Duodez heraus, der den Satz enthält, daß eine C_t nicht mehr als höchstens $t^2 - t$ Punkte besitzen könne, in welchen die Tangenten einer gewissen Richtung parallel laufen. Erst 1818 wurde diese Zahl zur Bildung des Begriffs »Klasse« benutzt (PONCELET, Ann. math.) Auch ist bemerkenswert, daß die Verfasser neben dem Krümmungskreis auch oskulierende Parabeln in Betracht ziehen und den Ort von deren Brennpunkten untersuchen.

In dem II. Bande der schon erwähnten (S. 33) *Institutiones analyticae* von RICCATI-SALADINI (1767) wird die Formel für den Krümmungsradius geometrisch abgeleitet, wenn die Kurven auf einen »focus« bezogen sind. Der Radiusvektor ist y genannt und unter dx ist verstanden, was wir mit $yd\varphi$ bezeichnen würden. Die Formel lautet dann

$$\frac{yds^3}{dx^3 + dxdy^2 + ydyddx - ydxddy}.$$

Es sei dabei erwähnt, daß Polarkoordinaten bis auf HERMANN (s. S. 76) immer in dieser Form verwendet wurden, und zwar vorher überhaupt nur bei Spiralen. Denn man scheute sich Winkel oder Differentiale von solchen in die Rechnungen einzuführen. Dieselbe Formel leitete G. FONTANA in seinen *Analyseos sublimioris opuscula* (Venedig 1763) aus derjenigen in rechtwinkligen Koordinaten durch Umformung her. Die Grundformeln der Differentialgeometrie für Polarkoordinaten in der heutigen Form (mit dem Radiusvektor z und dem Polarwinkel ω) scheint erst S. GURJEW (Nov. Act. Petrop. 1794 (1801)) zusammengestellt und ohne Verwendung von unendlich kleinen Dreiecken analytisch abgeleitet zu haben (vgl. auch EULER, Mém. Ac. St-Pét. 1819/20 (1824); verf. 1781).

Eine besondere Schrift *Proprietates algebraicarum curvarum* gab E. WARING als zweiten Teil der *Miscellanea analytica* (Cambridge 1762) heraus. An Neuem enthält diese Arbeit aber wohl nur einige metrische Sätze, besonders über Durchmesser, wenn sie auch sonst recht eigenartig geschrieben ist und von guter Beherrschung der algebraischen Grundlagen zeugt. Im einzelnen sei der Satz erwähnt: Ist $y = ax^n + bx^{n-1} + \ldots.$ und sind die Maximal- bzw. Minimalordinaten $y_1, y_2, \ldots. y_{n-1}$, die Abszissen der Schnittpunkte mit der x-Achse aber $x_1, x_2, \ldots.. x_n$, so verhält sich das Produkt aller y_i zum Produkt der Quadrate aller Differenzen $x_\varkappa - x_\lambda$ wie a^n zu n^n. »Kurvoide« nennt der Verfasser den Ort eines Punktes, der mit einer festen Kurve verbunden ist, die auf einer Geraden rollt. Er befaßt sich dann mit der Quadratur und Rektifikation von Kurvoiden. Auch Maximal- und Minimalaufgaben in bezug auf Kegelschnitte, denen Polygone um- und eingeschrieben sind, behandelt er.

Im übrigen sind in der zweiten Hälfte des 18. Jahrhunderts eine große Anzahl von Abhandlungen, besonders von EULER in den Nov. Act. Petrop., dann auch von N. v. FUSS und F. Th. v. SCHUBERT ebenda, und von anderen erschienen, die sich auf Rektifikationsprobleme und sonstige Aufgaben beziehen, die auf Differentialgleichungen zurückgehen (Trajektorien, Parallelkurven, mechanische Bedingungen, Beziehungen zwischen Krümmungsradius und Radiusvektor u. ä.). Wir können hier nur im allgemeinen auf diese Arbeiten hinweisen.

Systeme algebraischer Kurven wurden vor dem 19. Jahrhundert nur in Rücksicht auf das sog. »CRAMERsche Paradoxon« betrachtet (s. o. S. 79; vgl. bes. EULER, Mém. Ac. Berl. 1748 (1750)), während überhaupt Scharen von Kurven mit variablen Parametern schon LEIBNIZ ins Auge gefaßt hatte (Act. Erud. 1692; Beispiele ebd. 1694).

VIERTES KAPITEL.

SPEZIELLE KURVEN.

§ 1. Spezielle ebene Kurven.

Lange bevor es irgendeine Theorie auch nur der Kegelschnitte gab, wurden einzelne Kurven zur Konstruktion der im Altertum berühmten Probleme erdacht (I, 61/62). Wir wollen im folgenden, indem wir auf die ältere Geschichte kurz zurückverweisen, die bekanntesten der speziellen Kurven in der heute üblichen Gliederung nach algebraischen und transzendenten Kurven aufführen und ihre Geschichte in den Hauptzügen angeben.

1. Kurven 3. Ordnung.

Eine der ältesten Kurven ist die »Kissoide des Diokles« (I, 111/12), so genannt nach der Gestalt des Efeublattes (κισσός). Die unendlichen Äste wurden nämlich erst anfangs des 17. Jahrhunderts bemerkt. Sie diente Fermat, Huygens, Cotes und Joh. Bernoulli zur Erprobung ihrer Integralmethoden.

Das »Folium Cartesii« definierte Descartes rein analytisch (vgl. II1, 115) in einem Briefe an Mersenne von 1638, um es als Beispiel für seine Tangentenmethode zu gebrauchen. Man zeichnete anfänglich vier Blätter in den vier Quadranten, so daß Roberval den Namen »le galanth« (= Schneeglöckchen) für die Kurve aufbringen konnte. Erst Ende des 17. Jahrhunderts erkannte man die richtige Gestalt. Descartes gab die Gleichung auch bezogen auf die Winkelhalbierenden der alten Achsen an, um Roberval eine Falle zu stellen.

Die »Cartesische Parabel« tritt bereits in DESCARTES' *Géométrie* (1637) auf, aber nur mit einem Zweige. NEWTON zeichnete sie richtig und nannte sie »Tridens« (= Dreizack) in der *Enumeratio* (1704; s. o. S. 12).

Die »Strophoide« (so genannt von H. J. MONTUCCI 1846) wurde um die Mitte des 17. Jahrhunderts erfunden, wahrscheinlich von einem französischen Mathematiker. GUIDO GRANDI und TORRICELLI beschäftigten sich mit ihr.

Die »Trisektrix von MACLAURIN« tritt in dessen *Geometria organica* (London 1720) auf, »TSCHIRNHAUSENS Kubik« (Name von R. C. ARCHIBALD 1900) soll in den Act. Erud. 1690 vorkommen und die »Versiera« stammt aus der *Quadratura circuli et hyperbolae* von G. GRANDI (Pisis 1703).

2. Kurven 4. Ordnung.

Auch hier gibt es ganz alte Linien, wie die »spirischen Linien« des PERSEUS (3. Jahrh. v. Chr.; vgl. I, 112), Schnittlinien des Kreiswulstes, und die »Konchoide des NIKOMEDES« (I, 109/10), deren zwei Zweige auch noch von den Geometern des 17. Jahrhunderts als verschiedene Kurven betrachtet wurden (s. S. 19 u. 26). Letztere Kurve diente im 16. und 17. Jahrhundert als sehr beliebtes Beispiel für alle Infinitesimalmethoden. NEWTON schlug in der *Arithmetica universalis* (1707) sogar vor, sie neben Gerade und Kreis zu den jederzeit anwendbaren Kurven zu rechnen.

Die Konchoide mit Kreisbasis wurde schon von ROBERVAL »Pascalsche Schnecke« genannt, nach ÉTIENNE PASCAL, dem Vater von BLAISE PASCAL, ihrem wahrscheinlichen Erfinder. Die Entdeckung der »Kardioide« wird J. KOËRSMA (Ende 17. Jahrh.) zugeschrieben (Name von CASTILLON, Phil. Trans. 1741). Eine längere Abhandlung über allgemeine Eigenschaften der Konchoiden hat DE LA HIRE (Mém. Ac. Paris 1708 (?1730)) veröffentlicht.

Die »Cartesischen Ovale« hat DESCARTES im 2. Buch seiner *Géométrie* (1637) behufs Verwendung bei der Konstruktion von Linsen beschrieben. Handschriftliche Aufzeichnungen (s. o. S. 14) zeigen, daß ihm der wesentliche Satz von den 3 Brennpunkten schon um 1619 bekannt war.

Die »Kappakurve« (Name von A. AUBRY, J. math. spéc. 1895) wurde nach einer Mitteilung von SLUSE an

HUYGENS aus dem Jahre 1662 von dem Schüler und Mitarbeiter DESCARTES' G. VAN GUTSCHOVEN erdacht.

Die »Cassinischen Linien« (s. o. S. 73) sollten nach J. D. CASSINI die Bahn der Sonne sein, mit der Erde in einem Brennpunkt (mitgeteilt von dem Sohne JAK. CASSINI in den *Élements d'astronomie*, Paris 1749).

Die »Lemniskate« (= Schleife) bildet nach JAK. BERNOULLI (Acta Erud. 1694) die Lösung eines mechanischen Problems (Name von ihm selbst). Daß diese Kurve mit dem Spezialfall der Cassinischen Linien, wo ein reeller Inflexionsknoten auftritt, identisch ist, war noch D'ALEMBERT (*Encyclopédie méthodique*, Paris-Liége 1785) nicht bekannt und wurde erst von P. FERRONI (1782) und G. SALADINI (1806) bewiesen.

Die »Muschellinie«, die ALBRECHT DÜRER in seiner *Vnderweysung der messung usw.* (Nürnberg 1525) beschrieb, ist eine Verallgemeinerung der Konchoide des NIKOMEDES, woran DÜRER freilich nicht dachte (vgl. I, 384).

3. Algebraische Kurven höherer Ordnung.

Die »Parabeln und Hyperbeln höherer Ordnung« wurden, wie schon erwähnt (vgl. II1, 115f.), im Anfang des von uns betrachteten Zeitraums von vielen Geometern als Grundlage für die neu aufkommenden Infinitesimalverfahren benützt. In eine Klasse von »binomischen Kurven« zusammengefaßt wurden sie aber erst durch A. COMTE (1843). Mit den allgemeinen parabolischen Kurven $y = a x^m + b x^{m-1} + \ldots + f$ befaßte sich besonders NEWTON bei Problemen der Interpolation (vgl. II1, 231) und zwecks graphischer Gleichungsauflösung (II1, 57/58).

Die »Rhodoneen« oder »Rosenkurven« wurden von GUIDO GRANDI erfunden (zwei Briefe an LEIBNIZ, 1713) und in einem eigenen Büchlein *Flores geometrici* (Florenz 1728) ausführlich behandelt.

Die »dreieckigen Kurven« gingen aus einem optischen Problem hervor, das sich EULER (Act. Ac. Petr. 1778 II (1781)) gestellt hatte. Die Evolventen dieser Linien nannte er »Orbiformen«.

»Multiplikatrix-« bzw. »Mediatrixkurven«, das sind solche Linien, die zur Vervielfachung des Würfels bzw. zur Einschiebung beliebig vieler mittleren Proportionalen zwischen zwei Strecken dienen, wurden zu allen Zeiten ausgedacht. DESCARTES gab eine ganz allgemeine im II. Buch seiner *Géométrie* (1637) an (s. S. 61/62), die später von G.-B. CARACCIOLI in seinem *De lineis curvis liber* (Pisis 1740) eigens behandelt wurde. Auch CLAIRAUT hat mehrere solche aufgestellt im Alter von $12\frac{1}{2}$ Jahren (Misc. Berol. 1734), von denen eine wahrscheinlich mit der sog. »Kampyla« des EUDOXUS (vgl. I, 71/72) identisch ist.

»Sektrix-« oder »Winkelteilungskurven« wurden ebenfalls in großer Zahl erdacht. THOMAS CEVA gab eine an (*Opuscula*, Mailand 1699), die er »Cyclois anomala« nannte.

Kurven mit mehreren Symmetrieachsen widmete EULER das XV. Kapitel seiner *Introductio* (1748).

Kurven mit bestimmten Rektifikationsfunktionen behandelte mehrfach EULER (Nov. Act. Petr. 1789 (vorgelegt 1776), Mém. Ac. St.-Pét. 1830 (vorg. 1781)) und im Anschluß daran N. FUSS (Nov. Act. Petr. 1805).

Die »Sinusspiralen« mit der modernen Polargleichung

$$\varrho^n = a^n \cos n\varphi$$

wurden schon von MACLAURIN (*Treatise of fluxions*, Edinburg 1742) untersucht. Name (H. DE LA GOUPILLIÈRE um 1880) und viele schöne Eigenschaften stammen aber erst aus der neuesten Zeit. Sonderfälle sind die Gerade, alle Kegelschnittarten, Lemniskate, Kardioide und TSCHIRNHAUSENS Kubik.

4. Transzendente Kurven.

Eine der ältesten transzendenten Kurven ist die »Quadratrix des DINOSTRATUS« (vgl. I, 62). Man betrachtete bis ROBERVAL (etwa 1636; s. Mém. Ac. Paris 1666/99 (1730)) nur den einen in dem zugrunde gelegten Quadranten befindlichen Zweig. Die »Quadratrix des TSCHIRNHAUSEN« (*Medicina mentis*, Amstelaedami 1686) ist zur Sinuslinie affin. Eine andere Quadratrix mit der (modernen) Polargleichung $\varrho = a \sin \varphi / \varphi$ wurde zuerst in den Phil. Trans. 1700 von J. PERKS aufgestellt (anonym) und von mehreren Mathematikern des 18. Jahrhunderts ebenfalls betrachtet (Name »Kochleoide« erst von C. FALKENBURG 1883).

Allgemein bekannt ist die »Archimedische Spirale« (I, 91), die ja ebenfalls eine Quadratrix ist. Im 17. Jahrhundert erregte ihre Rektifikation, die ARCHIMEDES offen gelassen hatte, besondere Aufmerksamkeit. CAVALIERI, GREGOR VON ST. VINCENTIUS, PASCAL und FERMAT zeigten, daß sie auf die einer Parabel zurückgeführt werden kann.

»Spiralen höheren Grades« (moderne Gleichung $\varrho^k = a^k \varphi$) wurden vor allem zu Quadraturen vor der Erfindung der Integralrechnung benutzt (FERMAT 1636, STEPHANUS DE ANGELIS 1660, WALLIS etwa 1663). Besondere Fälle ($k = 2$) traten auch bei mechanischen Problemen auf (vgl. VARIGNON, Mém. Ac. Paris 1699 (1732?)). Die Methoden der Integralrechnung wandte JAK. BERNOULLI in den Act. Erud. 1691 auf den Fall $k = 2$ (»parabolische Spirale«) an. Die »hyperbolische Spirale« ($k = -1$) stellte VARIGNON (Mém. Ac. Paris 1704 (1722?)) zuerst auf. Der »Lituus« (= Krummstab; $k = -2$) wurde von COTES (Phil. Trans. 1714) beschrieben.

Die Erfindung der »logarithmischen Spirale« ist DESCARTES zuzuschreiben (Brief an MERSENNE vom 12. Sept. 1638; Name von VARIGNON, Mém. Ac. Paris 1704 (1722?)), Auch TORRICELLI gelangte zu ihr wahrscheinlich um dieselbe Zeit und gab ihre Quadratur und Rektifikation an, was wohl die erste Rektifikation einer höheren Kurve überhaupt ist. Besonders schöne Eigenschaften entdeckte an ihr JAK. BERNOULLI (Act. Erud. 1692).

Die Entdeckungsgeschichte der »Zykloide« ist dunkel. Man will die Kurve bei CH. DE BOUVELLES (*Geometricae introductionis libri sex*, Parisiis 1503) gefunden haben. GALILEI gab ihr den Namen (um 1598) und suchte ihre Fläche mit der Wage zu bestimmen (vgl. I, 384). Der genaue Wert der Fläche wurde von ROBERVAL[1]) 1634 gefunden und 1638 durch DESCARTES und FERMAT bestätigt. Bald darauf wurde auch die Rektifikation durch WREN bestätigt. In der Folge beschäftigten sich alle bedeutenden Geometer mit ihr. Besonders PASCAL entdeckte (um 1658) mehrere wertvolle Sätze. HUYGENS (*Horologium oscillatorium*, Parisiis 1673; vollendet 1665) fand, daß ihre Evolute eine ihr kongruente Kurve ist. Die Tangente hatte schon 1638

---

[1]) Von ihm stammt der Name »Trochoide«.

DESCARTES gefunden, indem er überhaupt für die Zykloidenbewegung die Konstruktion der Normale angab. Als Tautochrone kennzeichnete sie HUYGENS, als Brachistochrone JOH. BERNOULLI (Act. Erud. 1696). Die Möglichkeit verlängerter und verkürzter Zykloiden erkannte schon TORRICELLI (1644).

Die Idee der »Epizykloiden« ist jedenfalls sehr alt. Schon APOLLONIUS (um 200 v. Chr.) und besonders HIPPARCH (um 150 v. Chr.) suchten durch Epizykeln[1]) eine Erklärung der Bewegungen der Planeten zu geben. Geometrisch betrachtet hat aber eine bestimmte Epizykloide wohl zuerst DÜRER in der *Vnderweysung der messung* (Nürnberg 1525; vgl. I, 384). Die erste systematische Abhandlung über Epi- und Hypozykloiden schrieb DE LA HIRE (Mém. Ac. Paris 1666/1699 (1730)), der selbst auf DESARGUES als Vorgänger hinweist, von dessen Leistungen in dieser Richtung man aber nichts weiß. HUYGENS (*Horol. oscill.* 1673) gab in Erweiterung der erwähnten DESCARTESschen Konstruktion die Normalenkonstruktion für die allgemeine Rollbewegung. Daß die Rhodoneen (s. S. 84) Epi- oder Hypozykloiden sind, bemerkte zuerst G. B. SUARDI (*Nuovi strumenti*, Brescia 1752). Die schon von DE LA HIRE in seinem *Traité des roulettes* (Mém. Ac. Paris 1706 (1731?)) angegebene Kreisevolvente behandelte systematisch erst DENIS DIDEROT (*Mémoire sur différents sujets mathématiques*, Paris 1748).

Auf »Pseudozykloiden« (Name von E. CESÀRO, 1896), das sind Epizykloiden mit imaginären Rollkreisen, stieß schon EULER (Comm. Ac. Petr. 1740 (1750) und Nov. Act. Petr. 1783 (1787)), als er Kurven suchte, die ihren Evoluten verschiedener Ordnung ähnlich sind.

Die systematische Untersuchung der »Rollkurven« überhaupt haben nach DE LA HIRE NICOLE (Mém. Ac. Paris 1707 (1708), 1708 (1730?)) und WARING fortgeführt (*Miscellanea analytica* 1762). Schon DE LA HIRE hatte bewiesen, daß jede Kurve als Rollkurve betrachtet werden kann.

Das Problem, das auf die »RIBAUCOURschen Kurven« führt (Name nach einer Arbeit aus dem Jahre 1880), stellte

---

[1]) Das Wort »Epizykel« kommt vor bei THEON VON SMYRNA (um 130 n. Chr.) und im Almagest des PTOLEMÄUS (vgl. I, 135).

JOH. BERNOULLI (brieflich 1716). Es wurde von LEIBNIZ den englischen Mathematikern vorgelegt und zog insbesondere in Hinsicht auf die orthogonalen Trajektorien die Aufmerksamkeit vieler Gelehrten auf sich.

Den Namen »Sinuslinie« brachte bereits H. FABRI (1659; s. u. S. 131) auf. »Figure des tangentes« und »Figure des sécantes« sagte RONDET in der Übersetzung von E. STONES *Analyse des infiniment petits* (Paris 1735) zur Tangenten- bzw. Sekantenlinie (vgl. ferner u. S. 131/32.)

Die »Exponentialkurve« (Name von JOH. BERNOULLI, Act. Er. 1697 auf Grund einer Anregung von LEIBNIZ) oder »logarithmische Linie« (G. GRANDI 1701) entstand um 1640. TORRICELLI sprach von ihr in einem Brief an M.-A. RICCI 1644 und zeigte die Konstanz der Subtangente. Außer den genannten Gelehrten beschäftigten sich besonders noch HUYGENS und COTES mit ihr. JOH. BERNOULLI schrieb ihr einen negativen Zweig zu (Brief an LEIBNIZ 1712), da er $\log(-x)$ fälschlich gleich $\log x$ setzte.

Das Problem der »Traktrix« wurde von CL. PERRAULT mehreren Pariser Mathematikern und zuletzt LEIBNIZ gestellt. Dieser fand die charakteristische Eigenschaft (Act. Erud. 1693).

Als Kurve des an den zwei Enden aufgehängten Fadens sah noch GALILEI (*Discorsi e dimostrazioni*, Leiden 1638) die Parabel an. Die Unrichtigkeit dieser Annahme bewies nach einer Angabe von LEIBNIZ (Act. Erud. 1691) JOACHIM JUNGIUS. JAK. BERNOULLI stellte die mathematische Bestimmung der fraglichen Kurve als Aufgabe (Act. Erud. 1690). Er selbst, sowie HUYGENS, LEIBNIZ und sein Bruder JOHANN gaben in den folgenden Jahren Lösungen. HUYGENS nannte die Linie »Kettenlinie« (»Catenaria«; Brief an LEIBNIZ, Nov. 1690).

Auch die »Elastizitätskurve«, d. i. die Linie eines an dem einen Ende befestigten elastischen Stabes, hielt nach Angabe von JAK. BERNOULLI (Act. Erud. 1694) GALILEI für eine Parabel. JAK. BERNOULLI charakterisierte sie geometrisch (Act. Erud. 1694 u. 1695). Besonders ausführlich beschäftigte sich mit ihr EULER im Appendix I der *Methodus inveniendi* (1744; vgl. II_1, 225) und in den Act. Ac. Petr. 1782 II (1786).

5. Abgeleitete Kurven.

Ein sehr einfaches Verfahren, aus Kurven andere abzuleiten, ist die Umdeutung der Koordinaten. In die von uns betrachtete Zeit fällt hier nur die sog. VARIGNONsche Koordinatenverwandlung, die wir schon 1668 bei J. GREGORY fanden (s. S. 23) und die lautet $x = a\varphi$, $\varrho = y$. Man kann sie auch auffassen als Übergang von einer geradlinigen Abszissenachse zu einer kreisförmigen (vgl. JAK. BERNOULLI, Act. Erud. 1691 u. G. MANFREDI, *De constructione aequationum differentialium primi gradus*, Bononiae 1707). Höhere Parabeln und Hyperbeln gehen in höhere Spiralen, die Gerade in eine Archimedische Spirale, die logarithmische Kurve in eine logarithmische Spirale über usw.

Die Begriffe der Evoluten und Evolventen stellte HUYGENS auf im III. Teile des *Horologium oscillatorium* (1673). Für schiefe Evoluten (»Evolutoiden«) gab RÉAUMUR (Mém. Ac. Paris 1709 (1733?)) den charakteristischen Satz an. Daß die Evolventen durch Abrollen einer Geraden entstehen, zeigte LEIBNIZ (Act. Erud. 1706).

»Parallelkurven« wurden zuerst von LEIBNIZ (Act. Erud. 1692), »Verfolgungskurven« von BOUGUER (Mém. Ac. Paris 1732 (1735?)) betrachtet.

Die Idee der »Brennlinien« stammt vielleicht auch von HUYGENS (1678), von dem sie wahrscheinlich TSCHIRNHAUSEN kennenlernte (Brief an LEIBNIZ 1681; dann Act. Erud. 1682). JOH. BERNOULLI gab in den Act. Erud. 1692 eine sorgfältig ausgearbeitete Theorie.

Der Begriff der »Fußpunktkurven« geht auf MACLAURIN (Phil. Trans. 1718/19, *Geometria organica*, London 1720) zurück, der Name kommt erst bei O. TERQUEM (1848) vor.

§ 2. Spezielle Raumkurven.

1. Kurven auf der Kugel.

Auch besondere Raumkurven traten schon im Altertum bei verschiedenen Problemen auf. Eine davon ist die »Hippopeda« des EUDOXUS (I, 73), von GIOV. SCHIAPARELLI im Jahre 1875 »sphärische Lemniskate« genannt. Sie ist der Schnitt einer Kugel mit einem berührenden Kreiszylinder. Hat der Kreiszylinder den Radius der Kugel zum Durchmesser, so wird die Kurve zur sog. »VIVIANIschen Kurve«, so genannt, weil V. VIVIANI ein Quadraturproblem gestellt hatte, das auf diese Kurve führt und das seinerzeit viele Lösungen, von LEIBNIZ, JOH. BERNOULLI, WALLIS, DE L'HOSPITAL (vgl. Act. Erud. 1692) hervorgerufen hatte. VIVIANI selbst gab eine eigene Schrift *Formazione, e misura di tutti i cieli* (Florenz 1692) darüber heraus. Die »VIVIANIsche Kurve« war aber schon vorher von ROBERVAL (Mém. Ac. Paris 1666/99 (1730)) und A. LALOUBÈRE (*Veterum geometria promota*, Tolosae 1660) betrachtet worden. Eine Lösung der VIVIANIschen Aufgabe mit Beweis gab noch G. GRANDI in der Schrift *Geometrica demonstratio Vivianeorum problematum* (Florentiae 1699).

Die VIVIANIsche Kurve ist auch ein Sonderfall der sog. »zyklozylindrischen Kurven«, d. h. der Schnittlinien eines Kreiszylinders mit einer Kugel, deren Mittelpunkt auf dem Zylinder liegt. Eine solche Kurve benützte gelegentlich DESCARTES (Brief an MERSENNE vom Oktober 1629), um einen Kreis in 27 gleiche Teile zu teilen.

Wie hier die Definition des Kreises von der Ebene auf den Kreiszylinder übertragen ist, so läßt sich die Definition der Ellipse auf die Kugelfläche anwenden. Solche »sphärische Ellipsen« betrachtete zuerst N. FUSS (Nov. Act. Petr. 1785 (1788)). Er erkannte sie auch schon als Schnittlinien der Kugel mit einem konzentrischen elliptischen Kegel. Einen anderen, ähnlichen Ort auf der Kugel behandelte TH. SCHUBERT (ebda. 1794 (1801)). Die »Gewölbelinie«, die sich beim Schnitt zweier gleichen, geraden Zylinder, deren Achsen sich treffen[1]), ergibt, untersuchte A. G. KÄSTNER (Comm. Ac. Goett. 1791).

Den Begriff der »Rosenkurven« (s. o. S. 84) hat G. GRANDI auch auf die Kugel ausgedehnt (*Flores geometricae*, Florentiae 1728). Er nannte die entsprechenden Kurven »Clelien«. Die VIVIANIsche Kurve ist ebenfalls eine Clelie, und eine andere Clelie wurde schon von PAPPUS (3. Jahrh. n. Chr.) betrachtet und heißt etwas unpassend »Spirale des

[1]) Den Rauminhalt des zugehörigen Körpers gab schon ARCHIMEDES in der *Methodenlehre* (I, 97) an.

Pappus«. Die Clelien bilden quadrierbare Blätter auf der Kugelfläche.

»Sphärische Epizykloiden« zog zuerst J. HERMANN in den Kreis seiner Untersuchungen (Comm. Ac. Petr. 1726 (1728)), angeregt durch ein von K. E. OFFENBURG gestelltes Rektifikationsproblem (Act. Erud. 1718). Die HERMANNsche Darstellung hat wesentlich verbessert JOH. BERNOULLI (Mém. Ac. Paris 1732 (1735); vgl. ebda. auch CLAIRAUT, MAUPERTUIS und NICOLE). Später hat LEXELL diesen Kurven noch eine Arbeit gewidmet (Act. Ac. Petr. 1779 I (1782)).

Bekannter als alle genannten Kurven wurde wegen ihrer Wichtigkeit für die Seefahrt die »Loxodrome« der Kugel. Von ihrem Erfinder, P. NUNES (*Tratado en defensam da carta de marear*, Lisboa 1537), wurde sie »rumbus« genannt. Der Name Loxodrome stammt von W. SNELLIUS (*Tiphys Batavus*, Lugd. Bat. 1624; vgl. I, 385). Nach NUNES, der die Kurve auch in seiner *De arte atque ratione navigandi* (Conimbricae[1]) 1573; ein früherer Abdruck mit etwas anderem Titel in den *Opera*, Basileae 1566) behandelte, hat sich auch S. STEVIN in den *Wiskonstige Gedachtenissen* (Leiden, 1605/08) mit ihr beschäftigt. Einen wichtigen Fortschritt zur späteren Darstellung der Gleichung der Kurve machte J. GREGORY in den *Exercitationes geometricae* (Londini 1668; wieder entdeckt von LEIBNIZ, Act. Erud. 1691). Daß die stereographische Projektion der Loxodrome eine logarithmische Spirale ist, fand E. HALLEY (Phil. Trans. 1686).

2. Schraubenlinien.

Mit der »gemeinen Schraubenlinie« soll sich schon um 200 v. Chr. APOLLONIUS beschäftigt, und GEMINUS (150 v. Chr.) soll über sie geschrieben haben. Sie ist jedenfalls eine der ältesten bekannten Raumkurven. PAPPUS (3. Jahrh. n. Chr.) erwähnt sie bei Beschreibung der Wendelfläche. Nähere Untersuchungen über sie beginnen erst mit GUIDUBALDO DAL MONTE, *De cochlea* (Venetiis 1615), der sie schon »Helix« nennt, welcher Name wahrscheinlich vom Efeu genommen

[1]) Coimbra. Eine oft angeführte Ausgabe 1546 gibt es offenbar nicht.

wurde (vgl. H. GULDEN, Act. soc. Jabl. 1780). Raumkoordinaten wandte zuerst auf sie an H. PITOT (Mém. Ac. Paris 1724 (1726)). In einer Dissertation über sie (1771; s. o. S. 60) gab A. G. KÄSTNER die Darstellung $x^2 + y^2 = r^2$, $z = ar$ arcsin y/r. Er handelte auch schon von ihrer Schmiegungsebene, wie wir sagen, während W. J. G. KARSTEN in seinem *Lehrbegriff* II2 (Greifswald 1786) die Bogenlänge zuerst bestimmte. Die Gleichungen ihrer drei Projektionen auf die Koordinatenebenen (Kreis und Sinuslinien) gab G. MONGE in den *Feuilles d'analyse* (Paris 1795; s. u. S. 104).

Die Kurve konstanter Steigung auf dem Kreiskegel, die keine eigentliche Schraubenlinie ist und die man daher besser »konische Spirale« nennt, war auch schon PAPPUS bekannt. Sie ist der Schnitt des Kreiskegels mit einem Zylinder, der eine Archimedische Spirale zur Basis hat. BL. PASCAL bildete 1658 (s. *Œuvres* V, Paris 1819) mit ihrer Hilfe einen Körper und bestimmte dessen Volumen. G. GRANDI (Brief an TH. CEVA; s. seine *Demonstratio theorematum Hugenianorum*, Florentiae 1701) rektifizierte sie. Er wußte auch, daß sie bei Abwicklung des Kegels eine Archimedische Spirale ergibt.

Eine wirkliche Schraubenlinie, also mit konstantem Verhältnis von Krümmung und Torsion, ist aber wieder die sog. »Loxodrome des Kreiskegels«, d. h. die Linie auf dem Kegel, die alle Erzeugenden unter demselben Winkel schneidet. G. GRANDI, der sich an der eben angegebenen Stelle zum erstenmal mit ihr befaßte, stellte schon fest, daß sie aus dem Schnitt eines Kegels und eines Zylinders mit logarithmischer Spirale als Basis hervorgeht. Natürlich gibt sie auch bei Abwicklung des Kegels eine logarithmische Spirale.

Ganz abseits steht die Kurve des ARCHYTAS (um 400 v. Chr.; vgl. I, 70), die der Durchschnitt eines Wulstes mit einem Zylinder und also 8. Ordnung ist.

FÜNFTES KAPITEL.

DIFFERENTIALGEOMETRIE.

§ 1. Geodätische Linien.

Die Differentialgeometrie der ebenen Kurven ist in ihrer Entstehung so eng mit der Entstehung der Infinitesimalrechnung verknüpft, daß sie davon nicht zu trennen ist. Wir müssen daher in dieser Hinsicht auf I, 117 f., 135 f. u. o. S. 69, 72 verweisen. Später wurde sie auf spezielle, besonders transzendente Kurven angewendet und letztere wurden von manchen Autoren geradezu als diejenigen bezeichnet, bei denen man ohne Infinitesimalrechnung nicht auskommen könne (vgl. o. S. 72).

Die Anwendung der Differentialoperationen auf räumliche Gebilde, von der wir hier allein sprechen, konnte nicht eher erfolgen, als nicht der Begriff der räumlichen Koordinaten Eingang gefunden hatte. Die ersten differentialgeometrischen Untersuchungen knüpften hier an die kürzesten Linien auf Flächen an. In der Tat scheint Joh. Bernoulli 1697 bei Behandlung der geodätischen Linien die erste derartige Anwendung gemacht zu haben (vgl. o. S. 48). Eine Darstellung seines Verfahrens wurde erst 1728 abgefaßt und 1742 veröffentlicht (*Opera*, Bd. IV; vgl. II1, 224). Die Differentialgleichung lautete, wie man auch aus einem Briefe an Euler vom 18. IV. 1729 weiß,

$$\frac{T\,ddy}{T\,dz\,dy - z\,ds^2} = \frac{ddz}{ds^2 + dz^2}.$$

T bedeutet hier eine Subtangente, und es ist $ds^2 = dx^2 + dy^2$. Joh. Bernoulli zeigte in einem Scholium selbst, daß die Differentialgleichung auf die von Euler unterdessen in den Comm. Ac. Petr. 1728 (1732) veröffentlichte Form leicht zurückzuführen sei. BERNOULLI stützte sich auf den wohl durch mechanische Betrachtungen gefundenen Satz (Brief an LEIBNIZ, Aug. 1698), daß für geodätische Linien die Schmiegungsebene (»planum osculans«) senkrecht zur Tangentialebene der Fläche stehen muß.

Für Rotationsflächen fügte er hinzu, daß sich die Aufgabe auch lösen lasse durch die Forderung, der eine geodätische Linie begleitende schmale Flächenstreifen müsse bei Abwicklung in eine Ebene die geodätische Linie als Gerade erscheinen lassen, eine Bemerkung, die JAKOB BERNOULLI für Kegel schon in den Act. Erud. 1698 gemacht hatte.

EULER löst die Aufgabe in der angezogenen Arbeit, indem er von dem schon 1697 von JAK. BERNOULLI (II1, S. 223) ausgesprochenen Satz ausgeht, daß die Minimaleigenschaft einer ganzen Linie auch ihren kleinsten Teilen zukommen müsse, durch Anwendung der Theorie der Maxima und Minima.

Die Differentialgleichung lautet bei ihm

$$\frac{Q\,ddx + P\,ddy}{Q\,dx + P\,dy} = \frac{dx\,ddx + dy\,ddy}{dt^2 + dx^2 + dy^2},$$

wobei die Bedeutung von P, Q aus der Differentialgleichung der Fläche $P\,dx = Q\,dy + R\,dt$ hervorgeht. Ausführlicher behandelt dann EULER die Sonderfälle des allgemeinen Zylinders und Kegels, sowie der Rotationsflächen. Er führt für diese Fälle die Differentialgleichung auf eine solche erster Ordnung zurück und weist am Schlusse auf einige Verallgemeinerungen hin[1]. EULER vergißt nicht, darauf hinzuweisen, daß die geodätischen Linien von Zylinder und Kegel bei Abwicklung in eine Ebene in Gerade übergehen müssen.

Auch LEIBNIZ interessierte sich sehr für diese Frage, gab aber im Briefwechsel mit JOH. BERNOULLI (1698) lediglich eine Methode an, die ebenfalls zur Aufstellung der Differentialgleichung führen konnte. Es ist genau die

[1]) Die allgemeine Gleichung für Kegel (mit der Spitze im Anfangspunkt) wird auch hier (vgl. CLAIRAUT; o. S. 49) als homogen gekennzeichnet.

Methode, die der junge Clairaut in den Mém. Ac. Paris 1733 (1735) zur Lösung benutzte.

Einen wesentlichen Fortschritt in der Sache machte wiederum Euler im IV. Kapitel des II. Bds. der *Mechanica* (Petropoli 1736), wo er bewies, daß ein Punkt bei einer beschleunigungslosen Bewegung auf einer Fläche immer eine geodätische Linie beschreibt. Dabei ergab sich ein mechanischer Beweis für den Satz, von dem Joh. Bernoulli ausgegangen war (analytisch erst Lagrange 1806).

Die einfachere Frage der geodätischen Linien auf Rotationsflächen hatte, wie wir schon andeuteten, Jakob Bernoulli (Act. Er. 1698) geometrisch erledigt. Clairaut bewies dann (Mém. Ac. Paris 1733 (1735)), daß für sie das Produkt aus dem Radius des Parallelkreises und dem Sinus ihres Winkels mit dem Meridian der Fläche konstant ist, und gab (ebd. 1739 (1740)) Entwicklungen für die geodätischen Linien[1]) eines von der Kugel wenig abweichenden Sphäroids.

Euler verallgemeinerte, angeregt durch Joh. Bernoulli, das Problem der geodätischen Linien auf Kurven, deren Schmiegungsebene mit der Tangentialebene der Fläche einen von einem Rechten verschiedenen Winkel bildet (Brief an Joh. Bernoulli vom 11. Juli 1730; veröff. 1903). Die Aufgabe wurde auch von Joh. Bernoulli selbst gelöst (*Opera* IV, 1742).

Wir fügen auch gleich bei, daß für den Fall der impliziten Gleichung Euler dasselbe Problem in Nov. Act. Petr. 1799/1802 (1806; einger. 1779) behandelte (s. auch noch u. S. 99).

§ 2. Allgemeine Raumkurven und abwickelbare Flächen.

Die Anwendung der Differentialoperationen auf allgemeinere räumliche Gebilde erfolgte, wie überhaupt die Behandlung der letzteren mittels Analysis, erst verhältnismäßig spät. In Clairauts *Recherches* (1731; s. o. S. 49)

---

[1]) Der Name »geodätische Linie« für »kürzeste Linie« wurde zuerst von P. S. Laplace im 2. Bde. seiner *Mécanique céleste*, Paris an VII (1798/99), in bezug auf das Erdsphäroid, später dann bei Flächen zweiter Ordnung und seit Liouville (J. de math. 1844) bei beliebigen Flächen gebraucht.

kommt außer der Subtangente einer Raumkurve nur die Formel $ds = \sqrt{dx^2 + dy^2 + dz^2}$ vor. Es scheint nicht, daß vor den zwei unmittelbar aufeinander folgenden Abhandlungen EULERs in Act. Ac. Petr. 1782, I (1786) über Raumkurven irgend weitere Fortschritte in dieser Richtung gemacht wurden. Diese Arbeiten dürfen daher als grundlegend betrachtet werden. EULER führt sofort, um keine der Achsen vor den anderen auszuzeichnen, den Bogen s als unabhängige Veränderliche ein, indem er $dx = p\,ds$, $dy = q\,ds$, $dz = r\,ds$ setzt. Dann beschreibt er um den Kurvenpunkt Z die Einheitskugel, auf die er die Umgebung des Kurvenpunktes mit den Achsenparallelen usw., wie wir sagen, abbildet, ein Verfahren, das wohl in der Astronomie seinen Ursprung hat. Er wendet dann sphärische Trigonometrie an, fügt aber in der „Dissertatio altera" für solche, die sich mit diesem »fremden Prinzip« nicht befreunden können, noch eine ganz andere Ableitung bei, die von der Schmiegungsebene ausgeht. Seine Ergebnisse stellt EULER am Schluß selbst folgendermaßen zusammen: Nimmt man ein Parallelepiped mit den Seiten x, y, z, so gibt die Diagonale die Richtung und Länge des Radiusvektors; nimmt man die Seiten p, q. r, so gibt die Diagonale die Richtung der Tangente, und ihre Länge ist 1; nimmt man die Seiten dp/ds, dq/ds, dr/ds, so gibt die Diagonale die Richtung des Krümmungsradius, ihre Länge ist seinem reziproken Wert gleich; nimmt man schließlich die Seiten gleich $\frac{r\,dq - q\,dr}{ds}$ usw., so ist ihre Länge wie vorhin, ihre Richtung aber steht dann senkrecht zur Schmiegungsebene.

In engem Zusammenhang mit diesen Untersuchungen steht eine Arbeit von EULER (Nov. Comm. Petrop. 1771 (1772)) über »Körper«, deren Oberfläche in einer Ebene ausgebreitet werden kann. Solche Abwickelungen hatten rein vom praktischen Standpunkt aus schon vielfach Fr. DERAND (*L'architecture des voûtes* etc., Paris 1643) und besonders A. F. FRÉZIER (*La théorie et la pratique de la coupe des pierres et des bois*, I, Straßburg 1737) vorgenommen (vgl. a. über GUARINI u. S. 114.) EULER aber erfand den Begriff der abwickelbaren Fläche. Er nimmt in der Ebene ein unendlich kleines rechtwinkeliges Dreieck, ausgehend von dem Punkte (t, u), an und bestimmt auf der Fläche von dem Punkte x, y, z aus ein ebensolches Dreieck dermaßen, daß es dem ersteren Dreieck kongruent wird. Indem er $\partial x/\partial t = l$, $\partial x/\partial u = \lambda$ usw. setzt, erhält er die Bedingungen für die Abwickelbarkeit in der Form $l^2 + m^2 + n^2 = 1$, $\lambda^2 + \mu^2 + \nu^2 = 1$, $l\lambda + m\mu + n\nu = 0$. Euler zeigt dann geometrisch und analytisch, daß die Tangenten einer beliebigen Raumkurve einen solchen »Körper« bilden, und dasselbe für die Fläche der gemeinsamen Tangenten zweier »Körper«, von denen der eine als leuchtend betrachtet wird. Damit ist also der Begriff der abwickelbaren Fläche gegeben, und ihre Punkte sind durch zwei Parameter dargestellt.

Etwas später veröffentlichte Tinseau in den Mém. div. Sav. IX, 1780 die Lösung mehrerer Probleme, die sich zum Teil auch auf Flächen beziehen (s. S. 52). Für Kurven ist hier wohl neu die Einführung von Wendepunkten und ihre Unterscheidung in Punkte »ebener Inflexion«, d. s. Punkte der Kurve, wo drei aufeinander folgende Elemente in einer Ebene liegen (Torsion = 0) und Punkte »linearer Inflexion«, wenn zwei aufeinander folgende Kurvenelemente in einer Geraden liegen (Krümmung = 0). Die ersteren findet er durch die Wendepunkte derjenigen Kurve, in welcher die (x, y)-Ebene von der zur Raumkurve gehörigen abwickelbaren Fläche geschnitten wird. Die letzteren sind Wendepunkte in allen Projektionen der Raumkurve; die Schmiegungsebene (»plan osculant«) steht dann auf der Tafelebene senkrecht.

Dieselbe Unterscheidung der Wendepunkte von Raumkurven macht G. Monge (Mém. div. Sav. X, 1785; eingereicht 1771); er nennt sie Punkte einfacher bzw. doppelter Inflexion. Unabhängig von Euler tritt auch bei Monge der Begriff der abwickelbaren Fläche auf. Eine wichtige Neuerung brachte Monge aber mit der Einführung der Polarachse eines durch drei konsekutive Punkte bestimmten Bogenelementes als der Senkrechten im Mittelpunkte des durch die drei Punkte gehenden Kreises, die sich auch als Schnittlinie zweier aufeinander folgenden Normalebenen ergibt. Auf der durch alle Polarachsen einer Raumkurve gebildeten »surface des pôles« (»abwickelbaren Polarfläche«, wie wir heute sagen) weist Monge unendlich viele Evoluten der Raumkurve (und jeder ebenen Kurve) nach. Er zeigt ferner, immer geometrisch, daß auch alle Krümmungsmittelpunkte auf dieser Polarfläche liegen, dort aber bei eigentlichen Raumkurven keine Evolute bilden. Für die Evoluten beweist MONGE ferner noch, ebenfalls geometrisch, daß sie bei Abwickelung der Polarfläche in eine Ebene in Gerade übergehen und somit auf der Fläche geodätische Linien sind.

Später leitet er unter Zugrundelegung desselben geometrischen Gedankens für allgemeine Flächen die Differentialgleichung der geodätischen Linien in der Form ab

$$[ds^2 + dz^2]ddy = \left[dydz - ds^2\left(\frac{dy}{dz}\right)\right]ddz,$$

die er wegen $T = z:\left(\frac{dz}{dy}\right)$ als mit der von JOH. BERNOULLI gegebenen (s. o. S. 93) identisch bezeichnet.

Nach Erledigung der einleitenden Aufgaben (s. o. S. 50) wird alles oben Besprochene nun aufs klarste analytisch durchgearbeitet. Die Gleichungen der Polarfläche und ihrer Rückkehrkante (»arête de rebroussement«), die Gleichungen beliebiger Evoluten der Kurve, der Krümmungsradius und die analytischen Bedingungen für die beiden Arten von Wendepunkten der Raumkurven werden angegeben.

Am Schlusse betrachtet MONGE noch die zur Raumkurve gehörige rektifizierende Fläche, die er »Evolute« der von den Tangenten gebildeten Fläche nennt. Daß auf dieser Evolutenfläche die ursprüngliche Raumkurve eine geodätische Linie ist, bringt er in etwas anderer Form zum Ausdruck. Der letzte Satz besagt, daß, wenn die Evolutenfläche ein Zylinder ist, jedes Stück der Tangentenfläche in einem konstanten Verhältnis zur Projektion dieses Stückes auf die Basisebene des Zylinders steht, weil der Winkel der Tangenten mit den Erzeugenden des Zylinders konstant ist.

Dieser Abhandlung ließ MONGE eine zweite, noch größere und fast ebenso wichtige folgen (Mém. div. sav. IX, 1780; einger. 1775), in der er sich besonders mit abwickelbaren Flächen und mit der Anwendung von deren Eigenschaften auf die Theorie der Schatten und Halbschatten befaßte. Er nimmt gleich zu Beginn auf die vorige (zufällig später veröffentlichte) und auf die von Euler (s. S. 96) Bezug. Vor allem stellt er den Begriff der abwickelbaren Fläche gegenüber der allgemeinen Regelfläche (»surface gauche«) fest und bestimmt die partielle Differentialgleichung der ersten in der Form $\delta\delta z \cdot ddz = (\delta dz)^2$ [1]) auf drei verschiedene Arten, deren dritte ihm zugleich ein erstes Integral $p = \varphi q$ der Gleichung liefert. Am Schlusse der Abhandlung leitet er auch die Differentialgleichung für beliebige Regelflächen ab, die lautet, mit $(\delta dz)^2 - \delta\delta z ddz = \omega$,

$$2\delta\left(\frac{-\delta dz + \sqrt{\omega}}{ddz}\right) + d\left(\frac{-\delta dz + \sqrt{\omega}}{ddz}\right)^2 = 0,$$

und er legt noch eine Regelfläche durch drei gegebene Raumkurven. Die Aufgabe der Bestimmung des Schattens und Halbschattens eines Körpers, der von einem anderen hellen Körper beleuchtet wird, unterwirft er ebenfalls einer geschickten analytischen Behandlung, indem er zuerst den leuchtenden Körper als Punkt nimmt und, wie wir sagen, die erste Polare des Punktes in bezug auf die Oberfläche des Körpers, die durch die Gleichung $z = K$ gegeben ist (K als Funktion von x, y gedacht), ganz in der heutigen Art aufstellt. Er löst dann auch die allgemeine Aufgabe, eine abwickelbare Fläche an zwei Körper und durch zwei Raumkurven zu legen, ja er gibt noch die Gleichungen der Raumkurve, die auf einer gegebenen Fläche den Schatten begrenzt, den ein heller Körper von einem dunklen entwirft.

Eine Arbeit Eulers aus dieser Zeit (Nov. Act. Petrop. 1799/1802 (1806), einger. 1779) über kürzeste Linien auf Flächen ist nicht durch die Ergebnisse, sondern durch die Methode bemerkenswert. Erstens verwendet hier Euler zur Integration der Differentialgleichung den Winkel der kürzesten Linien mit den Parameterlinien $z = \text{const.}$, freilich ohne daß dies klar hervortritt; zweitens führt er eine Behandlung ein, die für die drei Koordinaten x, y, z symmetrisch ist, so daß er auch die Differentialgleichung in symmetrischer Form erhält. Einige weitere Arbeiten Eu-

[1]) Dabei zeigt δ die Differentiation nach x, d die Differentiation nach y an.

LERS, deren wir nur Erwähnung tun, schlagen in das Gebiet der rektifizierbaren Kurven auf der Kugel, dem Rotationsellipsoid und dem Kegel ein (Nov. Comm. Petr. 1770 (1771), Act. Petr. 1781, I (1784)), Nov. Act. Petr. 1785 (1788).

§ 3. Allgemeine Flächen.

Auch für die Differentialgeometrie der allgemeinen Flächen wurde in der zweiten Hälfte des 18. Jahrhunderts ein fester Grund gelegt. Die Gleichung der Tangentialebene für Flächen haben wohl gleichzeitig TINSEAU und MONGE in den schon angeführten Abhandlungen der Mém. div. Sav. IX, 1780 (s. S. 97/98) gegeben. Indem TINSEAU mit x, y, z einen Flächenpunkt, mit π, φ, ω einen beliebigen Punkt der Tangentialebene bezeichnet, bringt er sie in die Form

$$(x-\pi)\times dy\times\left(\frac{dz}{dx}\right)\cdot dx+(y-\varphi)\,dx\times\left(\frac{dz}{dy}\right)\cdot dy$$
$$-(z-\omega)\,dx\,dy=0.$$

Die eingeklammerten Differentialquotienten sind dabei partiell zu nehmen. Im Anschlusse daran behandelt er die Aufgabe, die Berührungslinie des von einem Punkt $(a,\ b,\ c)$ an eine Fläche gehenden Kegels zu bestimmen, wie das auch MONGE tat (s. S. 99), ferner dieselbe Aufgabe für parallele Tangenten, und die Gleichungen der betreffenden Kegel und Zylinder aufzustellen. Für alle diese Aufgaben sind aber nur Anweisungen gegeben. Fertige Formeln oder Beispiele fehlen. Bei MONGE hat die Gleichung der Tangentialebene schon die ganz moderne Form $z=p'(x-x')+q'(y-y')+K'$.

EULER gelangte auch auf diesem Gebiete gleich zu grundlegenden Sätzen. In einer größeren Abhandlung über die Krümmung der Flächen (Mém. Ac. Berlin 1760 (1767)) setzt er sich zunächst zur Aufgabe, den Krümmungsradius eines in der Ebene $z=\alpha y-\beta x+\gamma$ gelegenen Schnittes der gegebenen Fläche zu bestimmen, wofür er natürlich einen umfangreichen Ausdruck erhält. Dann legt er die schneidende Ebene durch die Flächennormale und errechnet einen neuen Ausdruck, der keineswegs einfacher ist als der vorige. Nun nennt er »Hauptschnitt«

den Schnitt durch die Flächennormale, der zugleich auf der (x, y)-Ebene senkrecht steht. Für diesen und den dazu senkrechten Schnitt ergeben sich einfache Werte des Krümmungsradius. EULER nennt nun den Winkel einer beliebigen durch die Normale gehenden Ebene mit dem Hauptschnitt φ und berechnet neuerdings hierfür den allgemeinen Ausdruck des Krümmungsradius. An dieser wieder sehr umfänglichen Formel bringt er einige Vereinfachungen an und wählt dann als Beispiel den Zylinder $z = \sqrt{(aa - yy)}$, den Kegel $z = \sqrt{(nnxx - yy)}$ und das Ellipsoid $zz = aa - mxx - nyy$. Erst am Schlusse der Abhandlung bringt er die Formel für den Krümmungsradius in die Form $\frac{1}{L + M\cos 2\varphi + N\sin 2\varphi}$ und zieht daraus die wichtigen Schlüsse, daß z. B. drei bestimmte Krümmungsradien die Krümmung in einem Flächenpunkte festlegen, daß es in jedem Punkte einen größten Krümmungsradius f und einen kleinsten g gibt, deren Ebenen aufeinander senkrecht stehen und die wieder zusammen die Gesamtkrümmung des Flächenstückes festlegen, so zwar, daß $r = \frac{2fg}{f + g - (f - g)\cos 2\varphi}$.

Eine beabsichtigte Ergänzung dieser EULERschen Arbeit bildet ein Aufsatz gleichen Titels (Mém. div. Sav. 1785; einger. 1776) von J.-B. MEUSNIER, der von ganz anderen Gesichtspunkten ausgeht. In dem Gedanken, daß die Übereinstimmung der zweiten Differentiale die Übereinstimmung der Krümmung bedinge, ersetzt MEUSNIER die Fläche im Punkte u, v, t, wobei die t-Achse die Normale des Flächenpunktes ist, durch das Paraboloid $t = \frac{cu^2 + 2euv + fv^2}{2}$. Diese Gleichung transformiert er auch noch auf die Form

$$t = \frac{Au'^2 + Bv'^2}{2}$$

und beweist dann, daß jedes Flächenelement erzeugt werden kann durch Rotation eines kleinen Kreisbogens um eine Achse, die parallel ist zur Tangentialebene des Elements. Für den Radius dieses Kreises und den Abstand der Achse vom Flächenpunkt erhält er zwei Größen r und ϱ, die vertauschbar sind und sich als mit den von EULER festgestellten extremen Werten f und g des Krümmungsradius für Schnitte durch die Flächennormale identisch erweisen. MEUSNIER fügt aber den nach ihm benannten Satz dazu, daß man nämlich, wenn R' den Krümmungsradius irgendeines durch die Tangente AQ gehenden Normalschnittes ist, für den Krümmungsradius R des Schnittes einer anderen durch AQ gehenden Ebene immer $R = R' \sin \omega$ hat, wenn ω der Neigungswinkel beider Ebenen ist. Im Anschluß daran gelangt MEUSNIER zu einer vollständigen Diskussion der Krümmungsverhältnisse eines (nicht singulären) Flächenstückes. In Beispielen behandelt er u. a. die Aufgabe, die Flächen zu bestimmen, für welche $r = \varrho$ ist. Er erhält durch Integration einer Differentialgleichung $1 = (Ax + B)^2 + (Ay + C)^2 + (Az + D)^2$, also wie es sein muß, eine Kugel. Hierauf greift er das Problem an, unter allen Flächen eines durch eine Raumkurve gebildeten Umfangs diejenige zu finden, deren Flächeninhalt am kleinsten ist. Er leitet mit Hilfe seiner Erzeugung des Flächenelementes die wichtige Bedingung $r + \varrho = 0$ ab und bestimmt daraus die partielle Differentialgleichung der Minimalflächen, die auf andere Weise schon von LAGRANGE (Misc. Taur. 1760/61 (1762)) gefunden worden war. Partikuläre Integrale ergeben ihm die windschiefe Schraubenfläche und das Katenoid. Aus der Bedingung, daß entweder r oder ϱ gleich 0 ist, leitet MEUSNIER hierauf noch die von MONGE schon gegebene Differentialgleichung der abwickelbaren Flächen ab und beweist für allgemeine Regelflächen, daß die beiden Krümmungsradien immer von verschiedenem Vorzeichen sind.

Trotz dieser schönen Arbeiten blieb der allgemeine Begriff der Flächenkrümmung noch unklar bis zu C. F. GAUSS (1828). EULER verfiel sogar in den Fehler (*Dioptrica* I, Petrop. 1769), jedes Flächenstück als sphärisch zu betrachten, was schon LEIBNIZ (Brief an JOH. BERNOULLI vom 29. Juli 1698) getan hatte und auch später noch von D'ALEMBERT geschah (*Encyclopédie méthodique*, Paris 1784, Artikel „Courbe", Abteilung Surfaces „courbes").

Außer den erwähnten Arbeiten allgemeinen Charakters sind in dem betrachteten Zeitraum noch eine Reihe solcher entstanden, die sich mit besonderen Aufgaben, vor allem mit der Bestimmung von Flächen, deren Eigenschaften gegeben sind, befassen. So handelt EULER in den Nov. Comm.

Petr. 1769 I (1770) von dem Paradoxon, daß Oberflächen, deren Flächeninhalt eine gegebene Funktion von x, y ist, nicht kongruent sein müssen, wie dies im entsprechenden Fall bei ebenen Kurven der Fall ist. EULER findet die partielle Differentialgleichung $p^2 + q^2 = f(x, y)$ und integriert sie für den Fall $f(x, y) = m^2 + n^2$. Dann ergeben sich außer der Ebene $z = a + mx + ny$ noch alle abwickelbaren Flächen, die durch Bewegung der Ebene entstehen, sofern diese immer ihre Neigung gegen die z-Achse beibehält.

In einer anderen Abhandlung (Nov. Act. Petr. 1788 (1790); einger. 1776) sucht EULER die Flächen, für welche das Stück der Normale zwischen Fläche und (x, y)-Ebene konstant ist. Die Differentialgleichung $z\sqrt{1 + p^2 + q^2} = a$ liefert die später so genannten Kanalflächen (»cylindri incurvati«), die entstehen, wenn ein Kreis mit seinem Mittelpunkt längs einer in der (x, y)-Ebene liegenden willkürlichen Kurve so bewegt wird, daß seine Ebene auf der Tangente des betreffenden Kurvenpunktes senkrecht steht. Das Auftreten solcher willkürlichen Funktionen hebt EULER hier eigens hervor. Eine Erweiterung gibt er sofort, indem er verlangt, daß das fragliche Stück der Normale eine Funktion Z von z sei, so daß oben statt a in der Differentialgleichung Z steht. An die Stelle des Kreises tritt dann bei der Erzeugung der zugehörigen Flächen eine andere ebene Kurve. Man erhält die heute »Gesimsflächen« genannten Gebilde. EULER kommt auf diese beiden Flächenarten zurück in Nov. Act. Petr. 1792 (1797; einger. 1777) und 1794 (1801; einger. 1778).

Auch das Problem der orthogonalen Trajektorien übertrug EULER auf den Raum (Mém. Ac. St.-Pét. 1815/16 (1820; einger. 1782)), wobei ihm die vollständige Lösung mehrerer Beispiele gelang. MONGE machte in Mém. Ac. Turin (2) I (1784/85) allgemeinere Ausführungen über die Art der partiellen Differentialgleichung, die einer Flächengattung, deren endliche Gleichung n willkürliche Funktionen enthält, entspricht.

Wie eine erst in den *Opera postuma* (I, Petropoli 1862) veröffentlichte Notiz zeigt, gelangte EULER schon um 1770 zu den allgemeinen Bedingungsgleichungen für die Biegung von Flächen, in deren Veröffentlichung ihm GAUSS (1828) zuvorkam.

Unter Beiseitelassung von kleineren Arbeiten müssen wir nun auf das zusammenfassende Hauptwerk von MONGE übergehen, das gerade noch vor Schluß des Jahrhunderts erschien, aber noch weit über die Mitte des 19. Jahrhunderts hinaus großen Einfluß ausübte. Es sind die im Jahre III der Republik, also 1794/95, zuerst in losen Blättern herausgegebenen *Feuilles d'analyse appliquée à la géométrie* (2. Aufl. an IX (1800/01)), zum Gebrauch an der in demselben Jahre gegründeten École Polytechnique, die später in Buchform unter dem Titel *Application de l'analyse à la géométrie* (1. Aufl. Paris 1807; dann 1809 u. 1850) zusammengefaßt wurden. Das Werk zeichnet sich durch großes Geschick im Umgehen mit den neuartigen räumlichen Gebilden ebensowohl als durch Geschmeidigkeit der analytischen Behandlung aus. Was den Stoff betrifft, so begreift es neben vielem Neuen natürlich auch das insbesondere von MONGE selbst schon früher Veröffentlichte zum Teil in anderer Form in sich. Wir können hier nur auf die wesentlichsten Punkte eingehen.

Vor allem hat MONGE den Begriff der durch eine partielle Differentialgleichung definierten Flächenfamilie folgerichtig eingeführt (s. o. S. 60). Neben Zylindern, Kegel-, Rotations- und Kanalflächen werden im Gebiete der ersten Ordnung auch noch die senkrechten Konoide (z. B. die windschiefe Schraubenfläche) behandelt, ferner die Flächen mit Geraden als Linien größten Gefälls (vgl. EULER, o. S. 57) und diejenigen Flächen, die durch Verschiebung einer Fläche längs einer auf einer festen Fläche gegebenen Raumkurve entstehen. Der Begriff der Charakteristik tritt hier zum erstenmale in geometrischer Form auf als Schnittkurve zweier unendlich benachbarten Flächen einer Schar. Sämtliche Charakteristiken werden von einer Kurve umhüllt, die MONGE »arête de rebroussement« (s. o. S. 98) nennt und die den Ort der Schnittpunkte dreier konsekutiven Flächen darstellt. Er bestimmt dann auch die Differentialgleichung der Charakteristiken unmittelbar aus der Differentialgleichung $F(x, y, z, p, q) = 0$ zu $P dy - Q dx = 0$, wenn $P = \partial F / \partial p$, $Q = \partial F / \partial q$.

Unter den Flächenfamilien, die aus Differentialgleichungen zweiter Ordnung hervorgehen, stehen in erster Linie die Regelflächen, welche durch eine zu einer festen

Ebene parallele Gerade beschrieben werden, wenn diese immer an zwei Raumkurven gleitet. Monge stellt zuerst die Gleichung in der Form

$$(Cq+B)^2 r - 2(Cq+B)(Cp+A)s + (Cp+A)^2 t = 0$$

auf, wenn die Gleichung der Leitebene

$$Ax+By+Cz=0$$

ist und zeigt dann allgemein, daß für eine Differentialgleichung $\Phi(x, y, z, p, q, r, s, t) = 0$, wenn $d\Phi/dr = R$ usw. gesetzt wird, die Differentialgleichung der Charakteristiken lautet $R dx^2 - S dx dy + T dy^2 = 0$. Das ergibt für den vorliegenden Fall $(A dx + B dy + C dz)^2 = 0$, als Charakteristiken also die Geraden der Fläche. Weiter stellt er in anderer Weise drei Differentialgleichungen erster Ordnung für dieselben Flächen auf, von denen nur zwei unabhängig voneinander sind. Sie haben die Form

$$\frac{Cq+B}{Bp-Aq} = \varphi(Ax+By+Cz).$$

Schließlich wird auch die endliche Gleichung angegeben. Sie enthält die zwei willkürlichen Funktionen φ und ψ und lautet

$$z = x \cdot \varphi(Ax+By+Cz) + y \cdot \psi(Ax+By+Cz).$$

In ganz entsprechender Weise behandelt Monge die abwickelbaren Flächen (vgl. o. S. 99). Dann die Flächen, die durch Verschiebung einer gegebenen Fläche (oder auch Raumkurve) längs einer ganz beliebigen Raumkurve entstehen. Die Nummern 17 und 18 der *Feuilles* enthalten die Entdeckung der Krümmungslinien. Monge sucht nach der Bedingung, daß zwei aufeinander folgende Normalen einer Fläche sich schneiden. Er findet für jeden Flächenpunkt zwei zueinander senkrechte Richtungen, in denen dies statt hat. Indem er diese Richtungen verfolgt, erhält er die beiden orthogonalen Scharen der Krümmungslinien, deren Differentialgleichung er aufstellt. Gleichzeitig bekommt er für jeden Punkt die beiden Hauptkrümmungsradien. Aber die Beziehung zu Euler und Meusnier (s. o. S. 101) ist nicht hergestellt. Monge entdeckt auch die Flächenscharen, welche von den Normalen längs der Krümmungslinien gebildet werden, und die zweimantelige Fläche aller Krümmungsmittelpunkte. Er beweist geometrisch, daß die scheinbaren Umrisse der beiden Mäntel sich von jeder Seite aus gesehen rechtwinklig schneiden. Außerdem stellt MONGE auch die Gleichung der Kurve auf der Fläche auf, längs welcher die beiden Hauptkrümmungsradien gleich sind. Er übersieht aber, daß diese Kurve immer imaginär ist und daß es also auf jeder Fläche nur einzelne Punkte dieser Art, »Nabelpunkte«, wie wir jetzt sagen, gibt. Das Ellipsoid, das er als Beispiel gibt, zeigt diese Verhältnisse auch sehr schön, und wie MONGE überall auf Anwendungen hinweist, so will er auch die Ellipsoidfläche mit den Krümmungslinien als Nerven des Gewölbes und mit Lampen in den Nabelpunkten für den Saal der gesetzgebenden Versammlung als Decke bestimmen. Gesimsflächen, bei denen ein System von Krümmungslinien eben ist, allgemeine Röhrenflächen mit einer beliebigen Raumkurve als Leitkurve, bei denen der eine Krümmungsradius konstant ist und insbesondere die Minimalflächen, für welche $r + \varrho = 0$ ist, dienen als weitere Beispiele. Bei den letzteren wird wohl LAGRANGE, nicht aber MEUSNIER (s. o. S. 101) angeführt. MONGE findet die wesentliche Eigenschaft $dx^2 + dy^2 + dz^2 = 0$ für die Charakteristiken, und er gelangt über eine schwierige Integration hinweg zu einer imaginären, endlichen Parameterdarstellung der Flächen. Eine geometrische Vorstellung von den Minimalflächen hat er noch nicht.

Bei den Differentialgleichungen dritter Ordnung behandelt MONGE vor allem die allgemeinen Regelflächen, indem er auch die Differentialgleichung zweiter Ordnung mit einer willkürlichen Funktion, dann die Gleichung erster Ordnung mit zwei willkürlichen Funktionen sowie die endliche Gleichung mit drei Funktionen φ, ψ, π und α als Parameter in der Form aufstellt

$$y - \alpha x = \psi(\alpha), \quad z - x\varphi(\alpha) = \pi(\alpha).$$

Als zweites Beispiel nimmt er die Flächen, die von einer Kugel mit veränderlichem Radius erzeugt werden, wenn ihr Mittelpunkt sich auf einer gegebenen Raumkurve bewegt. Im ganzen Werk sind zahlreiche kleinere Beispiele zur Erläuterung der allgemeinen Sätze verstreut. Den

Schluß bilden MONGES eigene Erfindungen zu den Raumkurven (s. o. S. 97).

Die Differentialgeometrie wurde auch in kartographischen Arbeiten der Zeit angewendet. Für die stereographische Projektion gab LAMBERT in seinen *Beyträgen zum Gebrauch der Mathematik und deren Anwendung* (Berlin 1772) Differentialformeln, während er für die anderen Abbildungsarten nur die allgemeinen Forderungen übersichtlich zusammenstellte. Bahnbrechend ging auch hier EULER vor in einer Abhandlung über die Darstellung der Kugelfläche auf einer Ebene (Act. Ac. Petr. 1777 I (1778)). Er stellte gleich die Aufgabe in der Form, es sollen x, y als Funktionen der geographischen Länge t und der Breite u gesucht werden, so daß gewisse Forderungen erfüllt sind. Dann zeigt er, daß Kongruenz nicht erreicht werden kann, stellt die Bedingung auf, daß Meridiane und Parallelkreise sich in orthogonale Kurvensysteme abbilden mit Anwendung auf die Parallelen zu den Koordinatenachsen (MERCATORprojektion), gibt ein Beispiel für flächentreue Abbildung und geht dann näher ein auf die winkeltreue Abbildung. Die Bedingung für Orthogonalität des Gradnetzes ist $pq + rs = 0$, wenn $\partial x/\partial u = p, \partial x/\partial t = q, \partial y/\partial u = r, \partial y/\partial t = s$. Außerdem müssen die Bedingungen bestehen

$$dx = p\,du + r\,dt \cos u, \quad dy = r\,du - p\,dt \cos u.$$

Hier führt nun EULER zum erstenmal komplexe Größen zur Integration ein, indem er $dx + i\,dy$ bildet, so daß die rechte Seite ein Produkt wird. Die Lösung hat dann die Form (Δ bedeutet ein Funktionszeichen)

$$x = \Delta\,[s^a(\cos at - i \sin at)] + \Delta\,[s^a(\cos at + i \sin at)],$$
$$iy = \Delta\,[s^a(\cos at - i \sin at)] - \Delta\,[s^a(\cos at - i \sin at)].$$

Daß die stereographische Projektion hiervon ein Spezialfall ist, zeigte er in einer unmittelbar an diesen Aufsatz anschließenden Note. Für die flächentreue Abbildung der Kugel gab EULER in demselben Aufsatz nur spezielle Lösungen, und zwar für den Fall, daß das Gradnetz in zwei orthogonale Kurvensysteme übergeht.

In einer etwas späteren Abhandlung befaßte sich auch LAGRANGE eingehend mit der Konstruktion geographischer Karten und insbesondere mit der winkeltreuen Abbildung

(Nouv. Mém. Ac. Berl. 1779 (1781)). LAGRANGE stellt die allgemeinen Abbildungsformeln

$$x + iy = f(u + it), \quad x - iy = \varphi(u - it)$$

auf, wo f und φ noch willkürlich sind, und er fordert dann, f und φ so zu wählen, daß Meridiane und Parallelkreise der Kugel in gegebene orthogonale Kurvensysteme der Ebene übergehen. LAGRANGE gibt für verschiedene Fälle eine Lösung. Ferner berechnet er auch das Vergrößerungsverhältnis m. Er findet, wenn $ds^2 = du^2 + q^2 dt^2$ das Quadrat des Linienelementes auf der Kugel ist,

$$1/m^2 = q^2 f'(u + it)\,\varphi'(u - it).$$

Zu erwähnen bleibt noch eine Arbeit von F. Th. v. SCHUBERT über die geographische Projektion des elliptischen Sphäroids (Nov. Act. Petr. 1787 (1789)), erstens weil dort wohl zum ersten Male die Bezeichnung »projectio conformis« für »winkeltreue Abbildung« auftritt, zweitens wegen des Satzes, daß bei Projektion eines solchen Sphäroids von einem Punkte des Äquators aus auf eine zum Radiusvektor dieses Punktes senkrechte Ebene sowohl die Meridiane als die Parallelkreise in Ellipsen übergehen, die dem Meridian des Ellipsoids ähnlich sind. Ist der Meridian selbst ein Kreis, so hat man den bekannten Satz der stereographischen Projektion.

SECHSTES KAPITEL.

PERSPEKTIVE UND DARSTELLENDE GEOMETRIE.

§ 1. Perspektive.

Zwar gehören die in der Überschrift genannten zwei Lehrgegenstände schon zu einem Gebiet, das man zu den Anwendungen der Mathematik rechnen kann. Aber sie haben in neuerer Zeit soviel Beziehungen zur reinen Geometrie erhalten, daß wir wenigstens die Hauptzüge ihrer Entwicklung darlegen wollen. Da noch nicht viel über sie gesagt wurde (vgl. I, 321, 388/89), müssen wir auch etwas zurückgreifen.

Die Wurzeln der darstellenden Geometrie liegen ganz in der Praxis der Baumeister. Schon aus Pharaonengräbern sind Grundrisse bekannt. Weniger vollkommen und mehr gefühlsmäßig behandelte man bis ins 17. Jahrhundert die Aufrisse. Immerhin kennt man gute Aufrisse von Kapitälen auch schon aus dem alten Ägypten. »Ichnographie« und »Orthographie« wurden Grundriß- und Aufrißmethode von den Griechen genannt. Dazu trat die »Szenographie«, d. i. die Kunst, die Bühnenmalerei so auszuführen, daß sie dem Beobachter möglichst wirklich erscheint. Letztere ist der Ursprung der Zentralperspektive. Nicht nur blieben alle drei erwähnten griechischen Namen bis ins 18. Jahrhundert erhalten, sondern viele Lehrbücher der Perspektive des 17. und 18. Jahrhunderts haben noch einen eigenen Anhang über Szenographie im besonderen. Auch die »stereographische Projektion« (Name erst von AIGUILLON, s. S. 112), die einen Sonderfall der Perspektive vorstellt, stammt aus dem Altertum. HIPPARCH (um 150 v. Chr.) soll sie erfunden haben, und jedenfalls hat sie

Ptolemäus (um 150 n. Chr.) mit voller Sicherheit angewandt. Außer ihr (s. o. S. 107/08), die aber auf die Astronomen beschränkt blieb, wurde keines der erwähnten Verfahren bewußt als eine Projektionsart aufgefaßt.

Eine theoretische Weiterentwickelung war zunächst der Perspektive beschieden. Im 13. Jahrhundert wohl schon begann sich bei den italienischen Künstlern, wenn auch anfangs unbewußt, der Gedanke zu entwickeln, daß das Bild durch den Schnitt der Sehpyramide mit der Bildtafel entstehe. Dies geschah wohl zum Teil auch in Anlehnung an die Optik Euklids, die als »Perspektive« sich durch das Mittelalter fortgepflanzt hatte und besonders von Witelo (13. Jahrh.; vgl. I, 276) bearbeitet worden war. Um die Mitte des 14. Jahrhunderts ist schon von einzelnen Malern für die parallelen Tiefenlinien des Fußbodens ein Fluchtpunkt benützt worden. Der Norden folgte bald nach, und man erkannte allmählich, daß alle Tiefenlinien des ganzen dargestellten Raumes sich in demselben Fluchtpunkt schneiden mußten. Damit war der »Augenpunkt« entdeckt. Hierzu fügte offenbar Brunelleschi (Anfang des 15. Jahrhunderts) die wichtige Beobachtung, daß man das Auge dem Bilde gegenüber in eine den wirklichen Verhältnissen entsprechende Entfernung bringen müsse, um die Täuschung zu erhöhen. Bald darauf brachte L. B. Alberti in seiner Schrift *Della pictura* (1435) die Idee des in einen Rahmen gespannten quadrierten Schleiers, durch den man den Gegenstand beobachten solle, um ihn danach abzubilden. Gleichzeitig gab Alberti aber auch eine Konstruktion für die Verkürzungen mehrerer hintereinander liegenden gleichen Strecken. Damit war für die damals viel verwandten quadratisch getäfelten Fußböden die theoretische Grundlage geschaffen. Fig. 9 stellt Albertis Konstruktion dar. O ist das Auge, BT der Seitenriß der Bildtafel, A der Augenpunkt der Hauptfigur (der Distanzpunkt D wurde von Alberti noch nicht benützt). Architekten und Maler bauten in Italien diese Grundgedanken zu einem vollständigen System aus, das in Piero de' Franceschis *De prospectiva pingendi* (um 1480) seinen Niederschlag fand. Dort ist auch in großer Breite das Verfahren gelehrt, aus Grund- und Aufriß eines Körpers sein perspektivisches Bild zu zeichnen. In einer einzigen Figur, die vielleicht später eingeschoben wurde, kommt bei PIERO auch das Distanzpunktverfahren vor, d. h. es ist ohne Nebenfigur und ohne Benutzung des Tafelquerschnitts in der Hauptfigur AD gleich der Distanz A_0O angetragen, um die Verkürzung des Quadrates zu gewinnen (Fig. 9). Einige Zeichnungen LEONARDO DA VINCIS enthalten das Verfahren auch. Ob aber, was wir AD nannten, von

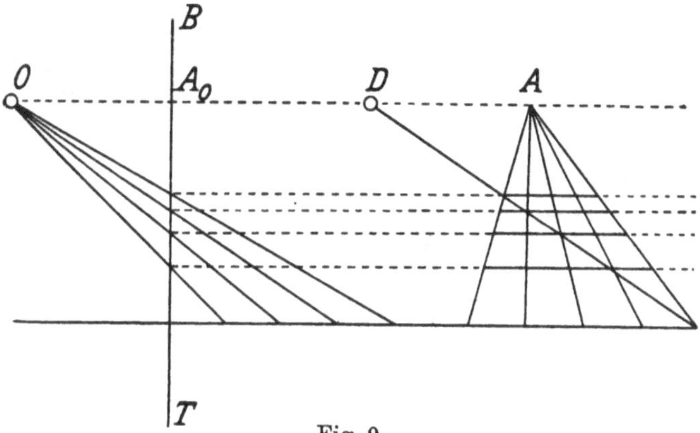

Fig. 9.

LEONARDO als »Distanz« erkannt wurde, erscheint äußerst fraglich.

Dieses Distanzpunktverfahren muß aber in der französischen Gotik des 15. Jahrhunderts, wenn auch rein handwerksmäßig, durchaus im Schwang gewesen sein, da es von VIATOR (J. PÉLERIN) in seinem rein praktischen Werke *De artificiali perspectiva* (Tulli 1505; 2. Aufl. 1509) ausschließlich und mit großer Gewandtheit angewendet wird. VIATOR weiß auch bereits, daß die Bilder aller in der Grundebene liegenden Parallelen Fluchtpunkte auf dem Horizont haben, den er immer zeichnet. Ja er verwendet sogar Fluchtpunkte ansteigender Parallelen, sowie die sog. (perspektivischen) Kellergrundrisse.

Von PIERO und vielleicht auch von LEONARDO DA VINCI beeinflußt ist die kurze Darstellung A. DÜRERS in seiner *Vnderweysung* (Nürnberg 1525; vgl. I, 375) und das Werk von D. BARBARO *La pratica della perspectiva* (Venedig 1568). Mit EGNATIO DANTI, der zu dem um 1530 verfaßten (1582 zum ersten Male zu Bologna gedruckten, später oft wieder aufgelegten) Werke von J. Barozzi, gen. Vignola, *Le due regole della prospettiva pratica*, einen ausführlichen Kommentar schrieb, kam der erste Mathematiker in dieser Sache zu Wort. Vignolas erste Regel ist das Grund- und Aufrißverfahren, die zweite ist die Distanzpunktkonstruktion, die damit erst allgemeineren Eingang fand und deren Richtigkeit von Danti bewiesen wurde. Zwei andere Mathematiker F. Commandino und G. Benedetti stehen dagegen zurück, da sie keine Fluchtpunkte verwenden, sondern nur eine theoretische Einführung in den Abbildungsvorgang geben. Commandino tat das im Anschluß an seine Ausgabe des *Planisphaerium* des Ptolemäus (Venetiis 1558), Benedetti im II. Teil seines Werkes *Diversarum speculationum math. et phys. liber* (Taurini 1580). Der Einfluß Viators zeigt sich nur in einigen, ebenfalls rein praktischen französischen Lehrbüchern der Perspektive.

Ein mehr theoretisches Werk sind wieder Guidubaldo del Montes *Perspectivae libri sex* (Pisauri 1600), worin für die gewöhnliche Bildkonstruktion allein 23 natürlich zum Teil einander sehr verwandte Verfahren angegeben werden und der Satz von den Fluchtpunkten horizontaler Parallelen mit ungeheurer Weitschweifigkeit in allen Sonderfällen dargetan wird. Auch auf die Verallgemeinerung für beliebige Parallele im Raum wird kurz hingewiesen. Das umfangreiche Werk von Fr. d'Aiguillon (Aguilonius) *Opticorum libri VI* (Antwerpiae 1613) enthält auch einen großen Abschnitt über Projektionen. Die »Stereographie« (vgl. S. 109) wird ausführlich behandelt. Aiguillons Perspektive ist aber stark von del Monte abhängig.

Selbständiger ist wieder S. Stevin, der in seinen *Wisconstige Gedachtenissen* (Leiden 1605; *Œuvres* 1634) auch eine Darstellung der Perspektive gab. Er behandelte die auch von den Vorgängern nicht ganz beiseite gelassene Aufgabe, aus einer Figur und ihrer Perspektive die Lage des Auges zu bestimmen, in mehreren Sonderfällen, stellte aber in Theorem IV und V vor allem den für die Folge sehr wichtigen Satz auf, der in etwas modernerer Form lautet: Legt man die Bildebene um die Kante in die Horizontalebene um und dreht gleichzeitig (im entgegengesetzten Sinne) das Auge um den Horizont, bis es in die Bildebene fällt, so bleibt das Auge Perspektivzentrum für die Figuren in Horizontal- und Bildebene. Am Schlusse gab STEVIN ein mit Zahlenangaben durchgerechnetes einfaches Beispiel.

Eine ganz besondere Stellung nimmt G. DESARGUES ein. Durchaus von praktischen Gesichtspunkten geleitet, hat er doch durch seine knappe Darstellung einerseits und durch die Einführung vieler neuen Bezeichnungen andrerseits alle Praktiker abgeschreckt, ja durch seine Persönlichkeit, wie es scheint, einen solchen Haß auf sich gezogen, daß noch sein Schüler, der Kupferstecher A. BOSSE, der DESARGUES' Lehren in Wort und Schrift (*Manière universelle de Mr Desargues pour practiquer la perspective etc.*, Paris 1647) zu verbreiten bemüht war, vom Lehramt zurücktreten mußte. DESARGUES selbst gab zuerst (Paris 1636) eine kurze Schrift *Exemple de l'une des manières universelles du S. G. D. L.*[1]) *touchant la pratique de la perspective etc.* heraus. Darin benutzte er den teilweise neuen Gedanken, den Gegenstand durch drei senkrechte, in Zahlen gegebene Koordinaten auf die Kante der Abbildung, auf eine dazu senkrechte Gerade und auf die Grundebene zu beziehen und lehrte für jede Koordinate einen perspektivischen Maßstab zu konstruieren, nach welchem dann der Körper punktweise in Perspektive gesetzt werden konnte. Der Schrift sind mehrere rein geometrische Sätze angehängt, die sich auf die Perspektive beziehen. Unter ihnen sei wenigstens der heute noch nach DESARGUES benannte hervorgehoben, daß die Schnittpunkte der drei Seiten zweier in einer Ebene perspektiv liegenden Dreiecke in einer Geraden liegen. Seine Absichten versuchte DESARGUES später in einem *Brouillon-proiect* über den Steinschnitt, die Perspektive und die Gnomonik (Paris 1640; s. u. S. 118) näher, aber, wie es scheint, ohne Erfolg zu erläutern. Auch gab er im Jahre 1643 eine *Perspective adressée aux théoriciens* heraus, die nur dadurch erhalten ist, daß sie BOSSE seiner Perspektive anhängte. Darinnen löste er mittels seiner Methode eine Reihe von elementaren metrischen Aufgaben, insbesondere Winkelübertragungen. Diese Schrift

---

[1]) Abkürzung für Sieur GIRARD DESARGUES Lionnais.

verdankt offenbar ihr Entstehen einer in demselben Jahre zu Paris erschienenen *Perspective spéculative et pratique* von ALLEAUME und É. MIGON, worin der letztere schon eine Skala der Fluchtpunkte für die verschiedenen Winkelrichtungen der Horizontalebene auf dem Horizont hergestellt hatte. Da DESARGUES durchaus nur den Augenpunkt, aber nicht andere Fluchtpunkte benutzen wollte, die ihm natürlich wohl bekannt waren, waren die gegen ihn von verschiedenen Seiten gerichteten Angriffsschriften wenigstens in dieser Richtung nicht ohne Grundlage.

Es gibt noch zahlreiche Werke über Perspektive im 17. Jahrhundert. Insbesondere nahmen auch alle Sammelwerke einen darauf bezüglichen Abschnitt auf. Hiervon wollen wir nur die sechs Bücher Perspektive in DECHALES' *Cursus seu mundus mathematicus* (Bd. II, Lugduni 1674 u. 1690; vgl. o. S. 41) hervorheben. Im ersten Buch gibt der Verfasser eine recht gute Darstellung der Grundaufgaben in stereometrischer Behandlung. Zahlenmäßig durchgerechnete Aufgaben über die Größe des Sehwinkels, sowie über die Lage und Gestalt des perspektivischen Bildes enthält S. MAROLOIS' *Perspectiva theoretica ac practica* (Amsterdam 1629; ebda. 1628 deutsch; La Haye 1614 frz.). Außerdem sei noch das besonders Verzerrungseffekte betonende Werk *La perspective curieuse ou magie artificielle des effets merveilleux* von F. JEAN FRANÇOIS NICÉRON (Paris 1638; andere frz. Aufl. u. lat. Bearbeitung 1663) erwähnt und das große Werk *Euclides adauctus et methodicus* von G. GUARINI (Augustae Taurinorum 1671 u. 1676), wo im 26. Traktat die Orthographie und Stereographie, daneben auch kurz die Tafelperspektive gelehrt, im 32. Traktat aber ausführlich die Ausbreitung krummer, auch nicht abwickelbarer Flächen in die Ebene zeichnerisch durchgeführt wird, mit Heranziehung der Schnitte solcher Flächen untereinander.

In wissenschaftlicher Hinsicht weit wichtiger, wenn auch viel weniger bekannt geworden, ist aber eine Schrift *Planiconiques* von PH. DE LA HIRE, die dieser seiner *Nouvelle méthode* (Paris 1673; vgl. S. 123) etwa ein Jahr nach deren Erscheinen anheften ließ. In ihr wird unter Benutzung der in der Grundebene liegenden Fluchtlinie und mittels Umlegung der Grundebene in die Bildebene die zentralperspektivische Abbildung in einer Ebene wirklich durchgeführt und damit über STEVIN (s. o. S. 112) hinausgeschritten. LA HIRES Beweis läßt allerdings kaum vermuten, daß ihm STEVINS Umklappungssatz bekannt war. Vielmehr dürfte LA HIRES Gedankengang auf persönliche, wenn auch indirekte Beziehungen zu DESARGUES zurückzuführen sein (vgl. o. S. 28).

Das LA HIREsche Verfahren tritt, wie es scheint, erst wieder auf als die letzte der sechs Methoden, die G. J. s'GRAVESANDE in seinem *Essai de perspective* (La Haye 1711) zur Abbildung eines in der Grundebene liegenden Punktes angibt. Er verwendet beim Beweise gleichzeitig die Fluchtlinie der Bildebene und ist sich über die Lage der beiden Fluchtlinien zur Grundkante und zum Horizont vollkommen klar. Auch die verkürzte Distanz, sowie allgemeine Fluchtpunkte benutzt s'GRAVESANDE. Das ganze Büchlein bildet eine treffliche Ausführung zu STEVINS Umklappungssatz, der dem Verfasser doch wohl bekannt war, wenn auch STEVIN nicht erwähnt ist.

Daß das Verfahren der Zentralprojektion zu dem Zwecke der Veränderung der Eigenschaften von Kurven NEWTON um dieselbe Zeit (und sicher noch früher) völlig geläufig war, ist uns bekannt (s. o. S. 64). Aus dem Kreise der englischen Gelehrten ist BROOK TAYLOR zu nennen, der schon 1716 zu London eine kurze *Linear perspective* veröffentlichte, die 1719 verbessert ebenfalls zu London unter dem Titel *New principles of linear perspective* herauskam (1749 nochmals erweitert durch J. COLSON herausgegeben). Wie s'GRAVESANDE behandelt TAYLOR die Elementaraufgaben, auch solche, wo Strecken und Winkel vorkommen. Er verwendet auch beide Fluchtlinien, aber nicht in einer Figur vereinigt. TAYLOR gibt auch praktische Anwendungen und löst Aufgaben der umgekehrten Perspektive. Die Darstellungen von s'GRAVESANDE und TAYLOR ergänzen sich in vielen Punkten und geben zusammen ein gutes Bild der theoretischen Zentralperspektive in einer Ebene.

Von TAYLORS kleinem Werke erschienen sowohl eine Bearbeitung für Praktiker, als eine italienische (Rom 1755) und eine französische Ausgabe (Amsterdam 1757). In der italienischen Ausgabe gab der Übersetzer, Pater JACQUIER, mehrere Zusätze, deren einer sich auf die NEWTONsche

Verwendung der Perspektive bezog. Der französischen Ausgabe war auch eine Übersetzung des 1746 im Original herausgekommenen, allein auf denselben Zweck hin gearbeiteten Werkes von MURDOCH (s. o. S. 71) beigegeben. Von MURDOCHS analytischen Formeln für die zentralperspektivische Abbildung zweier Ebenen, die mit solchen von DE GUA 1740 gegebenen (s. o. S. 71) übereinstimmen, haben wir a. a. O. schon gesprochen. Etwas später gab solche Formeln auch DE LA CAILLE in den öfter aufgelegten *Leçons élémentaires d'optique* (zuerst Paris 1750). LA CAILLE bezieht dabei ausdrücklich den abzubildenden Punkt auf drei zueinander senkrechte Ebenen, und er leitet an einer anderen Stelle sogar die Gleichung einer Hyperbel ab, die das Bild eines Kreises ist. Auch KÄSTNER gab (Leipzig 1752) ein Programm *Perspectivae et projectionum theoria generalis analytica* heraus.

Im Jahre 1755 veröffentlichte E. ZANOTTI in den Comm. Ac. Bonon. eine Abhandlung, in der er die ganze Perspektive auf eine gegenüber s'GRAVESANDE und TAYLOR insofern verallgemeinerte Konstruktion zurückzuführen suchte, als er ganz allgemein die Perspektive eines beliebigen Raumpunktes bestimmte. Gleichzeitig gab er damit die Perspektive einer beliebigen durch den Punkt gehenden Geraden. Die Darstellung hat aber Mängel und enthält eigentlich keine neuen Gedanken, ebensowenig wie das Buch *Trattato teorico-pratico di prospettiva*, das ZANOTTI später (Bologna 1766) veröffentlichte.

Ein Werk, das wieder durchaus praktische Gesichtspunkte vertritt, ist *Die freye Perspective, oder Anweisung, Jeden Perspectivischen Aufriß von freyen Stücken und ohne Grundriß zu verfertigen* von J. H. LAMBERT (Zürich 1759, auch frz.; 2. Aufl. ebda. 1774). Um Zeichnungen von Gegenständen, die der Lage und Größe nach gegeben sind, ohne weiteres auf der Tafel selbst entwerfen zu können, führt LAMBERT vor allem einen Gedanken weiter aus, den wir schon bei MIGON fanden und den auch LA CAILLE hat, nämlich auf dem Horizont einen »Winkelmesser« herzustellen, d. h. dort die Punkte zu bezeichnen, durch welche die Bilder der horizontalen Geraden gehen, die mit der Grundkante die Winkel 10°, 20° usw. bilden. Seine Ergebnisse erweitert LAMBERT auch auf den Fall, daß die Tafel nicht auf der Grundebene senkrecht steht, sowie für schiefliegende Linien und auf den Fall eines unendlich entfernten Auges. Besonders bemerkenswert sind die Ausführungen und Beispiele, die er zur umgekehrten Perspektive bringt. Der zweiten Auflage fügte LAMBERT eine Reihe von „Anmerkungen und Zusätzen" bei, fast von dem Umfange des Buches selbst. Diese sind zum allergrößten Teil lediglich auf die Anwendungen gerichtet; auch der Grundriß wird dabei herangezogen. Voraus geht eine kurze Geschichte der Perspektive, und den Beschluß bildet ein großer Zusatz über Lösung von Aufgaben unter bloßer Verwendung des Lineals (vgl. u. S. 172).

LAMBERTS Gedanken und Methoden haben besonders W. J. G. KARSTEN beeinflußt, der wie andere Verfasser von Sammelwerken dieser Zeit (vgl. o. S. 41), die Perspektive in das System der Mathematik einfügte und über 800 Seiten des 7. Teiles (Greifswald 1775) seines Werkes *Lehrbegriff der gesamten Mathematik* ihr widmete. Zum Unterschied von LAMBERT führte KARSTEN aber die Rechnung in seine Darstellung ein, die auch eine Theorie der Kegelschnitte, diese als Projektionen des Kreises betrachtet, und die Projektionen der Kugel enthielt[1]). Die STEVINsche Methode der Umlegung mit Benutzung der Fluchtlinien, wie bei s'GRAVESANDE und anderen (s. o. S. 115) hat weder LAMBERT noch KARSTEN. Im Anschluß an KARSTENS analytische Behandlung gab G. S. KLÜGEL *Eine geometrische Entwicklung der Eigenschaften der stereographischen Projektion* (Halle 1788).

§ 2. Darstellende Geometrie.

Wenn wir die darstellende Geometrie bisher ganz außer acht ließen, so war es, weil diese wirklich in der Zwischenzeit auch keinerlei Fortschritte gemacht hatte. Wohl wußten etwa seit dem 17. Jahrhundert die Architekten gut Bescheid auch mit den Aufrissen der Gebäude, und die Maler der Hochrenaissance stellten Köpfe und ganze Körper in Zwei- (auch Drei-)tafelprojektion dar, mit Pa-

[1]) Diese letzteren Gegenstände blieben in dem IV. Bd. von KARSTENS *Anfangsgründen* (1780), die als 2. Auflage des *Lehrbegriffs* betrachtet werden können, weg.

rallelschnitten in gleichen Abständen, um alle Umrisse genau verfolgen zu können. Schon bei PIERO DE' FRANCESCHI (um 1480, s. S. 110) finden sich solche Figuren. Auch wendet bereits PIERO die auch heute noch soviel benutzte Drehung des einen Risses an, um aus einer gegebenen Darstellung eine andere zu erhalten. Mit dem Erlöschen jener mathematischen Periode der Kunstentwicklung aber blieb auch dieses Verfahren ohne Fortsetzung.

Nur im Bauhandwerk fand die senkrechte Projektion beim sog. »Steinschnitt« eine freilich rein praktische Anwendung und in dieser Hinsicht zeigen die Werke von PHIL. DE L'ORME *Architecture* (Bd. I, Paris 1567) und FR. DERAND *L'architecture des voûtes ou l'art des traits, et coupe des voûtes* (Paris 1643, s. o. S. 96) ein bedeutendes Können.

DESARGUES versuchte in der Folge durch seine Schrift *Brouillon proiect d'exemple d'une manière universelle du S. G. D. L. touchant la pratique du trait à preuves pour la coupe des pierres en architecture* etc. (Paris 1640) die Theorie dieses Wissenszweiges zu heben. Seine Bemühungen blieben aber, trotzdem auch hier A. BOSSE Erläuterungen dazu verfaßte, wegen der Neuerungen in der Ausdrucksweise und sonstiger Schwerverständlichkeit, ohne Erfolg. Erst das große Werk von A. F. FRÉZIER *La théorie et la pratique de la coupe des pierres et des bois* (2 Bde. 4^{0}, Straßburg 1737/39; 2. Aufl. in 3 Bdn. 1754/69), das neben dem Praktischen im I. Bd. auch eine rein mathematische Theorie der Flächen und Körper enthält, die beim Steinschnitt in Betracht kommen können (s. o. S. 96), erhob die »Stereotomie« zur Wissenschaft. In diesem Werke wird auch der Zweitafelprojektion ein bescheidenes Plätzchen eingeräumt, und die Risse werden ihrer Entstehung nach erklärt.

Unter diesen Umständen darf GASPARD MONGE, der 1795 an der von ihm gegründeten École Normale zum erstenmal Vorlesungen über die senkrechte Zweitafelprojektion hielt, immerhin als der Schöpfer der heutigen systematischen darstellenden Geometrie betrachtet werden. Denn er löste nicht nur alle Grundaufgaben mit Punkten, Geraden und Ebenen, sondern wandte das Verfahren systematisch auf die von ihm selbst auch analytisch so sehr geförderten krummen Linien und Flächen (s. S. 97 f.) im Raume an. So zeigte sich die darstellende Geometrie als ein ganz fertiges Gebilde, da MONGE im Jahre 1798/99 sein Werk *Géométrie descriptive* (Paris, an VII) veröffentlichte. MONGES Entdeckungen gehen aber bis aufs Jahr 1765 zurück, wo er bei der Zeichnung eines Forts bereits Veränderungen an dem üblichen Verfahren im Sinne seiner darstellenden Geometrie anbrachte. Überhaupt hatte MONGE trotz der rein wissenschaftlichen Darstellung immer auch praktische Ziele im Auge, was er in der Vorrede besonders betont. Dies zeigt sich auch in der großen Aufmerksamkeit, die er den topographischen Flächen widmete. Dabei sei erwähnt, daß die Methode der kotierten Projektionen, von der man schon Spuren bei GUIDUBALDO DEL MONTE finden kann, unterdessen in militärischen Fachkreisen ausgebildet worden war.

MONGES *Géométrie descriptive*, ein großer Quartband, enthielt nicht alles, was ihr Verfasser vorgetragen und ausgearbeitet hatte. Das geht aus Veröffentlichungen seiner Schüler und aus Aufgaben hervor, die an der École Polytechnique, die er ebenfalls ins Leben gerufen hatte, gestellt wurden. Von solchen Ergänzungen seien besonders die von B. BRISSON in der 4. Auflage (1820) der *Géométrie descriptive* mitgeteilten Anwendungen hervorgehoben. Diese beziehen sich auf die Schattenlehre in engem Zusammenhang mit der Theorie der abwickelbaren Flächen (vgl. S. 99) und auf Perspektive.

Neben MONGE kann im 18. Jahrhundert nur noch S. F. LACROIX genannt werden, der zu seinen *Essais de géométrie sur les plans et les surfaces courbes* (Paris 1796; 2. Aufl. an X (1801/02)), die gleichfalls die Grundlagen der darstellenden Geometrie enthalten, durch Andeutungen veranlaßt wurde, die MONGE über sein Verfahren bei öffentlichen Vorlesungen gemacht hatte. LACROIX' Verfahren ist etwas methodischer als das von MONGE, und er gibt ebenfalls Anwendungen auf Perspektive, die zwar von allgemeinerer Art sind als bei MONGE, aber auch nichts wesentlich Neues bieten.

SIEBENTES KAPITEL.

DIE ANFÄNGE DER PROJEKTIVEN GEOMETRIE.

Nachdem man im Altertum die Grundeigenschaft der Kegelschnitte (vgl. o. S. 3) aus dem Kegel gewonnen hatte, leitete man alles übrige aus dieser Grundeigenschaft ohne weitere Benutzung des Kegels ab. Das änderte sich auch zunächst nicht, als man im 16. und 17. Jahrhundert Versuche machte, z. B. GREGORIUS A ST. VINCENTIO (s. o. S. 47) und MYDORGE (s. S. 20), an Stelle der schwer verständlichen Kegelschnittlehre des APOLLONIUS (I, 100 f.) einfachere Darstellungen zu setzen, wenn auch hin und wieder stereometrische Beweise eingeflochten wurden. Auch die freiere Behandlung der Kegelschnitte, die durch den Sieg des COPPERNICanischen Systems notwendig geworden war und besonders von JOH. KEPLER geschickt gehandhabt wurde, brachte keine neuen Sätze, außer daß etwa die Parabel als Grenzübergang zwischen Ellipse und Hyperbel in die Erscheinung trat.

Ein mächtiger Anstoß ging erst von der malerischen Perspektive aus, von der wir wissen (vgl. S. 112f.), daß sie zu Anfang des 17. Jahrhunderts sich schon zu bedeutender Höhe entwickelt hatte. Sie mußte freilich erst in die Hände eines Mannes kommen, der ebenso sehr geschickter Praktiker, als Geometer von großer Eigenart und schöpferischer Kraft war. Wir meinen DESARGUES (vgl. S. 113). Sein im Jahre 1639 zu Paris erschienenes *Brouillon proiect d'une atteinte aux éuénemens des rencontres d'un cone auec un plan* enthält den Grundgedanken der projektiven Geometrie, nebst einer Reihe von neuen, einschlägigen Sätzen. Freilich, das Schicksal dieses bedeutenden Werkes war nicht weniger traurig als das von DESARGUES' Perspektive. Nur von wenigen verstanden, wozu die mangelhafte Form und die zahlreichen neuen Bezeichnungen viel beitrugen, blieb es ganz verschollen, bis M. Chasles im Jahre 1845 eine von de La Hire im Jahre 1679 gefertigte Abschrift auffand.

In seinem *Brouillon proiect* wendet Desargues die Zentralprojektion in weitestgehendem Maße an. Er führt den Begriff des Strahlen- und Ebenenbüschels ein und erklärt Scharen von parallelen Geraden bzw. Ebenen als solche Büschel, deren Zentrum bzw. Schnittgerade unendlich fern ist. Indem er von einem Punkte A auf einer Geraden aus Streckenpaare AB, AH; AC, AG; AD, AF abträgt, deren Rechteck konstant ist, bildet er den Begriff der »Involution« (mit diesem Namen) und stellt die Bedingung dafür auch ohne Benutzung des Punktes A auf. Er unterscheidet die verschiedenen Arten der Involution und bestimmt die Doppelpunkte im hyperbolischen Falle. Er zeigt ferner, daß diese Doppelpunkte zu den einzelnen Paaren $B, H; C, G$ usw. harmonisch liegen und stellt mehrere Sätze über harmonische Punkte auf. Er verbindet hierauf einen beliebigen Punkt der Ebene mit allen Punktepaaren der Involution und entwickelt die entsprechenden Sätze für die so entstandene Strahleninvolution, besonders den, daß sie von jeder beliebigen Geraden in einer Punktinvolution geschnitten wird.

Auf dieser Grundlage baut nun Desargues seine Kegelschnittlehre auf. Kegel und Zylinder sind ihm eines. Je nachdem die einen Kegel schneidende Ebene zu einer, zwei oder keiner Erzeugenden parallel ist, wird der Schnitt als Parabel, Hyperbel oder Ellipse definiert. Jeder Satz, der für einen Kreis bewiesen ist und der auf Involutionen beruht, gilt nun nach dem Grundverfahren der Projektion für jeden beliebigen Kegelschnitt. So beweist Desargues den nach ihm benannten, in seinem ersten Teile schon von Pappus (3. Jahrhundert n. Chr.) ausgesprochenen Satz, daß die drei Geradenpaare, die durch vier Punkte möglich sind, ebenso wie jeder durch die vier Punkte gehende Kegelschnitt durch eine beliebige Gerade in einer Involution geschnitten werden (Benennung »vollständiges Vierseit« von Carnot; s. u. S. 124). Daran schließt sich eine Reihe von Sätzen über Pole und Polaren bei Kegelschnitten, mit allen Spezialisierungen (Tangente und Berührungspunkt, Mittelpunkt und unendlichferne Gerade), die sogar auf Ebene und Kugel ausgedehnt werden und, wenn auch nur andeutungsweise, auf andere »massifs«, die zur Kugel in demselben Verhältnis stehen, wie die Ellipsen zum Kreis. Völlig klar ist ihm auch die Übertragung der Punktinvolution von der Geraden auf einen Kegelschnitt. Von seinen Sätzen macht DESARGUES eine Reihe von Anwendungen, worunter die Lösung der am Schluß der Perspektive angedeuteten Aufgabe, in einem durch Projektion entstandenen Kegelschnitt die Achsen usw. zu bestimmen, hervorgehoben sei.

Die DESARGUESschen Gedanken und Begriffe hat nur ein Mathematiker sich ganz zu eigen gemacht und auf

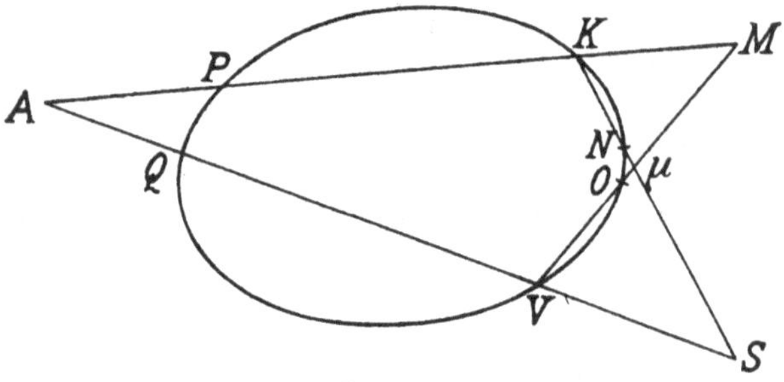

Fig. 10.

ihnen weiter gebaut, BLAISE PASCAL. Schon mit 16 Jahren faßte PASCAL den Plan zu einem auf der DESARGUESschen Grundlage zu errichtenden Werke über Kegelschnitte, und er arbeitete daran auch wohl ein halbes Menschenalter, hinterließ es aber unvollständig. Die Handschrift, die LEIBNIZ noch vorlag, ist seitdem verloren gegangen. So sind wir im wesentlichen über seine Grundgedanken nur unterrichtet durch einen Entwurf, den er unter dem Titel *Essay pour les Coniques* im Jahre 1640 zu Paris in Form eines kleinen Plakates (wie das auch DESARGUES bei mehreren seiner verlorenen Streitschriften tat) drucken ließ. Dieser *Essay* enthält im ersten und dritten Lemma den nach PASCAL benannten Satz für den Kreis und den allgemeinen Kegelschnitt in folgender Form (vgl. Fig. 10): Schneiden sich zwei von M bzw. S ausgehende Geradenpaare in A

und μ, bzw. K und V, und legt man etwa durch K, V einen Kegelschnitt, der die Geradenpaare noch in P, O bzw. N, Q schneidet, so gehen die drei Geraden MS, NO, PQ durch einen Punkt. Die wenigen Aufzeichnungen, die LEIBNIZ über das größere Werk hinterließ, zeigen, daß es PASCAL selbst war, der den Satz auch in die uns heute gewohnte Form brachte. Unter den anderen wichtigen Sätzen, die im *Essay* noch bekanntgegeben wurden, kommt auch der später nach CARNOT benannte Satz vor, in der Beschränkung auf die Schnittpunkte eines Kegelschnittes mit den Seiten eines Dreiecks und eines Vierecks. Nach LEIBNIZ soll PASCAL einen Kegelschnitt auch durch fünf Tangenten, ja sogar durch fünf Elemente überhaupt bestimmt haben.

Wie wir schon andeuteten (vgl. o. S. 27, 28), hat auch DE LA HIRE einen Teil der DESARGUESschen Lehren in sich aufgenommen. Auch er setzte sich vor, auf der DESARGUESschen Grundlage eine neuere Theorie der Kegelschnitte zu schreiben. Sein erster Versuch, die *Nouvelle Methode en Geometrie pour les Sections des Superficies Coniques, et Cylindriques* etc. (Paris 1673) war aber den Zeitgenossen so schwer verständlich, daß sich LA HIRE entschloß, die *Planiconiques* zur Erläuterung der Grundlagen beizufügen (s. o. S. 114). Auch waren die Figuren, wiewohl richtig, so unzweckmäßig, daß trotzdem ein Erfolg offenbar nicht erzielt wurde. Beides besserte sich in dem großen Werke *Sectiones conicae in novem libros distributae* (Paris 1685). LA HIRE geht hier von der Polarentheorie am Kreis aus und überträgt alles durch Projektion auf die Kegelschnitte. Auch sonst vereinfachte er manche Beweise, so daß sein Werk immerhin als ein Fortschritt gegenüber APOLLONIUS bezeichnet werden kann. Aber die allgemeineren Ideen DESARGUES' von den unendlich fernen Elementen und den Involutionen vermochte LA HIRE ebensowenig aufzunehmen, als er so umfassende Erweiterungen einführte, wie PASCAL dies getan hatte. In die Eigenschaften der harmonischen Punkte und Strahlen war übrigens auch GREGORIUS A ST. VINCENTIO (*Opus geometricum*, Antwerpen 1647; verf. 1625) schon ziemlich tief eingedrungen und auch F. VAN SCHOOTEN verwendete an einer Stelle des zweiten Buches seiner *Exercit. math.* (Lugd. Bat.

1656) die harmonische Eigenschaft des vollständigen Vierseits[1]), die wahrscheinlich schon dem griechischen Altertum bekannt war, zur Lösung einer praktischen Aufgabe.

Der Grundsatz der Ableitung durch Projektion wurde von LE POIVRE in seinem *Traité des sections du cylindre et du cône* (Paris 1704; 2. Aufl. Mons 1708) aufgenommen. Auch ging die Polarentheorie aus LA HIRES Werk z. B. in die Schrift von JAK. MILNES *Sectionum conicarum elementa nova methodo demonstrata* (Oxoniae 1702) über und der DESARGUESsche Satz aus PASCALS *Essay* wurde R. SIMSON bekannt (s. dessen *Sectionum conicarum libri quinque*, Edinburg 1735). Das waren aber alle unmittelbaren Wirkungen der von DESARGUES großartig eingeleiteten Bewegung zur Erneuerung der Geometrie der Alten, der auch FERMAT in manchen Punkten nicht fernegestanden hatte.

Wir können nur noch erwähnen, daß EULER gelegentlich (in der *Introductio* 1748, s. o. S. 76) Abszissen und Ordinaten in konstantem Verhältnis wachsen ließ und die so aufeinander bezogenen Kurven »affin« nannte und daß bei G. WALKER (*A Treatise on Conic Sections*, London 1794) eine Umformung auftritt, die wir heute als Transformation durch projektive Strahlenbüschel auffassen würden. Erst das 19. Jahrhundert aber brachte die DESARGUESsche Geometrie, und zwar ohne Kenntnis von DESARGUES' Vorarbeit, zur Blüte. Kann man MONGES Begründung der darstellenden Geometrie (vgl. S. 118) auch erst als eine notwendige Vorarbeit bezeichnen, so sind schon L. N. M. CARNOTS Werke *De la corrélation des figures en géométrie* (Paris 1801) und seine *Géométrie de position* (Paris 1803) eher Vorstufen zu dem Gebäude, das zum erstenmal J. V. PONCELET mit seinem *Traité des propriétés projectives des figures* (Paris 1822) dieser Wissenschaft errichtete.

---

[1]) Den darauf beruhenden Polarensatz in bezug auf den Kreis, mit Anwendung auf die Tangentenkonstruktion, hat schon WOLDECHIUS WELANDUS in seinen *Strena mathematica* (Lugd. Bat. 1640) veröffentlicht.

ACHTES KAPITEL.

TRIGONOMETRIE.

§ 1. Entwicklung der Trigonometrie bis zum Auftreten Eulers.

Wenn wir in diesem Teilbande der Trigonometrie ein eigenes Kapitel widmen, so müssen wir gleich hervorheben, daß es sich nicht mehr um die Darstellung des Gesamtgebietes der Trigonometrie handelt. Wir konnten es nämlich nicht umgehen, schon bei Schilderung der Entwicklung der Analysis den Einfluß dieser Entwicklung auf die Darstellung der trigonometrischen Funktionen durch Reihen (II1, S. 127, 135), ihren Zusammenhang mit der Exponentialfunktion (II1, S. 158) und ähnliches hereinzubeziehen. Das so schon zum Teil vorweggenommene Gebiet können wir kurz als »höhere Trigonometrie« bezeichnen, und wir haben demnach hier in der Hauptsache nur mehr die Entwicklung der »elementaren Trigonometrie«, genauer gesagt, der »Goniometrie« und der »Dreiecksberechnung« ins Auge zu fassen, wobei wir an das im I. Bande (S. 393—404) Gesagte anknüpfen können.

Das Jahr 1637, dem für die Entwicklung der Geometrie der Örter eine so hohe Bedeutung zukommt, hat dieselbe Bedeutung für die elementare Trigonometrie nicht. Insbesondere hat DESCARTES selbst für die Trigonometrie an sich gar nichts getan, und in der *Géométrie* sowohl, wie in den zugehörigen Kommentaren (vgl. S. 15f.) werden trigonometrische Funktionen von Winkeln einer Figur durch die Verhältnisse der Seiten hingezeichneter rechtwinkliger Dreiecke ausgedrückt.

Immerhin hatte das 3. Jahrzehnt des 17. Jahrhunderts der Trigonometrie einen gewissen Abschluß gebracht, wir meinen die Einführung der logarithmischen Auffassungs-

und Berechnungsweise. Wir erinnern daran, daß 1633 die *Trigonometria Britannica* von BRIGGS-GELLIBRAND erschien (I, 369), die in ihrem zweiten Teile eine Zusammenstellung der gebräuchlichsten Methoden zur Berechnung ebener und sphärischer Dreiecke enthielt, vor allem mit Rücksicht auf die logarithmierbaren Formeln. Neben den NEPERschen Analogien[1] (I, 396) benutzte GELLIBRAND Formeln für den halben Winkel aus den drei Seiten im Falle des ebenen (RHETICUS vor 1576, veröffentl. 1596; vgl. I, 394) und sphärischen Dreiecks (NEPER in der *Constructio* 1619, s. I, 365), während er den Fall der drei Winkel im sphärischen Dreieck durch das Polardreieck auf den der drei Seiten zurückführte, ohne eine Formel aufzustellen. In den den ersten Teil der *Trigonometria Britannica* bildenden Tafeln hatten die Verfasser die Dezimalteilung des Grades eingeführt. VLACQs gleichzeitig erschienene *Trigonometria artificialis* (I, 370) beruhte aber wieder auf der alten 60-Teilung und bildete so die Grundlage aller späteren Tafelwerke.

Ferner sei wiederholt auf P. CRÜGERs Büchlein *Praxis Trigonometriæ logarithmicæ* (Dantisci 1634; vgl. I, 370) hingewiesen, das insofern auch noch unserem Zeitraum angehört, als von ihm 1648 und 1654 Neuauflagen erschienen. CRÜGER verwendet die NEPERschen Analogien in den sphärischen Fällen a, b, γ und a, β, c ganz modern. Für den Fall der Ebene, daß die drei Seiten $a > b > c$ gegeben sind, gibt er in Worten eine längere Vorschrift, die in unserer Bezeichnungsweise lautet, man solle zuerst aus $\log x = \log(b+c) + \log(b-c) - \log a$ die Hilfsgröße x bestimmen, dann aus $\log\cos\beta = \log\frac{1}{2}(a-x) - \log c$ den Winkel β und aus $\log\cos\gamma = \log\left(x + \frac{a-x}{2}\right) - \log b$ den Winkel γ. Dabei bedeutet unser x die Differenz $p-q$ der Projektionen der Seiten b, c auf BC. Diese Umgehung des Kosinussatzes ist der ganzen englischen Trigonometrie jener Zeit eigentümlich (Figuren z. B. bei OUGHTRED und J. NEWTON, s. S. 128). Sie geht auf NEPERs *Descriptio* (1614; vgl. I, 365) zurück und beruht im Grunde auf dem schon im Altertum und

[1]) »Analogie« wurde nach dem Griechischen noch im 17. Jahrhundert vielfach für »Proportion« gebraucht.

bei den Arabern in verschiedenen Formen ausgesprochenen Satze $(b+c)(b-c)=(p+q)(p-q)$.

Wie die Algebra, so verbesserte in dem neuen Zeitraum auch die Trigonometrie vor allem ihre Form. Hier wie dort vollzieht sich ein allmählicher Übergang von der antiken Darstellung durch Proportionen und den oft langatmigen Rechenvorschriften zur algebraischen Rechnung mit Gleichungen. Diese Fortschritte wurden großenteils durch dieselben Männer gemacht, die wir in der Algebra antrafen. So dehnte P. HÉRIGONE (II1, 3) seine Symbolik im 4. und 5. Band seines *Cursus mathematicus* (1634; 2. Aufl. 1644) auch auf die Trigonometrie aus. Wir geben als Beispiel nur die Form an, die er dem ebenen Kosinussatz gab, wobei zu bemerken ist, daß in der Figur auch HÉRIGONE große Buchstaben an den Ecken hat, die oft für sich allein den Winkel bezeichnen, und D der Fußpunkt der von A gefällten Höhe ist. Der Satz hat bei ihm folgende Fassung:

$$2.\square.ab,bc \quad \pi \quad \square.ab+\square.bc.\sim:\square.ac \quad 2|2 \quad rad. \ \pi \ sin.<bad,$$

$$\text{h.} \quad 2AB\cdot BC \quad : \quad \overline{BC}^2+\overline{BA}^2-\overline{AC}^2 = 1 \quad : \sin(BAD).$$

In England hatte R. NORWOOD durch seine *Trigonometria or the Doctrine of Triangles* (London 1631; 8. Aufl. 1685) die mehr formelmäßige Behandlung der Trigonometrie offenbar schon stark gefördert. Er führt zum erstenmal Abkürzungen für die Kofunktionen ein (neben *s*, *t*, *sec* hat er *sc* und *tc* für cos und cotg) und läßt zwischen diesen Zeichen und dem Winkel, der auch bei ihm oft nur durch einen Buchstaben bezeichnet wird, häufig das zur Funktion gehörige Abkürzungszeichen weg. Über ihn hinaus geht W. OUGHTRED (vgl. II1, 1/2). Zwar erschien schon vor dessen *Trigonometria* (Londini 1657) eine *Idea trigon. demonstr.* von SETH WARD (Oxoniae 1654), wo u. a. das Winkelzeichen $\angle$ (für den Plural $\angle\!\angle$) eingeführt, wo Summen mit Z, Differenzen mit X, wie bei OUGHTRED. bezeichnet werden; aber WARD hat das jedenfalls von OUGHTRED gelernt. Den Sinussatz schreibt WARD in der Form $BC.BD::s,D.s,C$ (ähnliche Zusammenstellungen schon bei NORWOOD), den Tangentensatz, den dem Wesen nach schon TH. FINK (1583; I, 395/96) aufgestellt hatte, dessen heutige Form (in Worten) aber erst VIETA (1593;

I, 399/400) gab, schreiben WARD und OUGHTRED gleichlautend $\frac{1}{2}$ *Z* crur. $\frac{1}{2}$ *X* crur. : : *t* $\frac{1}{2}$ *Z* ∠∠. *t* $\frac{1}{2}$ *X* ∠∠, ersterer auch schon moderner. Bei OUGHTRED ist noch folgende Form für die ebenen Halbwinkelformeln bemerkenswert, wo wie soeben *X* cru[rum] die Differenz der Schenkel (*a*, *c*) eines Dreiecks, *B* dieBasis (*b*), *q*, *Q* Quadrierungen bedeuten:

$$\text{cru} . \frac{\text{B} + \text{X cru}}{2} \times \frac{\text{B} - \text{X cru}}{2} : : \text{Rq} . \text{Q} . \text{s} \tfrac{1}{2} \text{ang}.$$

Die wörtliche Übertragung lautet

$$ac : \frac{b+a-c}{2} \cdot \frac{b-a+c}{2} = 1 : \sin^2 \frac{\beta}{2}.$$

Die entsprechende Formel für $\cos\frac{\beta}{2}$ ist in ähnlicher Weise angegeben. In OUGHTREDS Werk stehen auch die ersten (geometrischen) Beweise der beiden NEPERschen Analogien. NEPER sowohl wie auch BRIGGS und GELLIBRAND hatten nur die Formeln selbst (und zwar in logarithmischer Form) veröffentlicht.

Eine analytische Ableitung dieser Analogien hat erst JOHN NEWTON in dem großen, schon in Bd. I, S. 369 erwähnten Werke *Trigonometria Britanica* (so!) (London 1658) gegeben. Freilich sind sowohl diese Ableitung, wie auch andere rechnerische Beweise, die JOHN NEWTON gab, noch recht umständlich. Das Werk stellt eine wesentlich verbesserte und ergänzte Neuausgabe des gleichnamigen von BRIGGS-GELLIBRAND dar. In ihm werden, wie schon in desselben Verfassers *Astronomia Britannica* (London 1656/57) die Benennungen »Kosinus« und »Kotangente« zum erstenmal ständig benutzt. Nachdem dies für »Sinus«, »Tangente« und »Sekante« schon von TH. FINK (1583; vgl. I, 395) geschehen war, lag jetzt die Namengebung der trigonometrischen Funktionen fest, wenn auch der Gebrauch noch sehr schwankte.

Hier sei erwähnt, daß die Formeln, die Funktionen des doppelten Winkels durch solche des einfachen ausdrücken[1]), in jener Zeit durch die Formel

---

[1]) Sätze, die unseren Formeln $\sin\alpha = 2\sin\frac{\alpha}{2}\cos\frac{\alpha}{2}$ und $1 - \cos\alpha = 2\sin^2\frac{\alpha}{2}$ entsprechen, stellte schon ABU'LWAFĀ († 998; vgl. I, 215) in seiner Ausgabe des Ptolemäischen *Almagest* auf.

$$\operatorname{tg} 2\alpha = 2 \operatorname{tg} \alpha / (1 - \operatorname{tg}^2 \alpha),$$

wie wir es schreiben, ergänzt wurden. JOHN PELL hat den Satz in seiner Schrift *Controversiae de vera circuli mensura* (Amsterdam 1647) aufgestellt und daselbst wird er von ROBERVAL und anderen Mathematikern auf mehrere Arten bewiesen. Die allgemeinere Regel zur Bildung von $\operatorname{tg}(\alpha + \beta)$ nebst der für $\sec(\alpha + \beta)$ leitete erst J. HERMANN 1706 in den Act. Erud. (geometrisch) ab. Vorgreifend sei hinzugefügt, daß erst in EULERS *Introductio* (1748) die Formel $\operatorname{ctg} 2\alpha = \frac{1}{2}(\operatorname{ctg}\alpha - \operatorname{tg}\alpha)$ steht und daß noch später J. H. LAMBERT 1765 im I. Buch seiner *Beyträge zum Gebrauch der Mathematik* die wichtigen Formeln aufstellte, die gestatten, $\sin 2\alpha$ und $\cos 2\alpha$ rational durch $\operatorname{tg}\alpha$ auszudrücken.

Die Aufgabe, zwei Winkel (β und γ) eines Dreiecks zu bestimmen, wenn der dritte Winkel α und die Logarithmen der Seiten b und c gegeben sind, löste zuerst nach Angabe von THOMAS STREETE (*Astronomia Carolina*, London 1661) durch Einführung eines Hilfswinkels ROBERT ANDERSON. Er setzte nach unserer Ausdrucksweise $\operatorname{tg}\varphi = b/c$, berechnete φ und bestimmte dann aus $\operatorname{tg} 45^0 : \operatorname{tg}(\varphi - 45^0) = \operatorname{tg}\frac{1}{2}(\beta + \gamma) : \operatorname{tg}\frac{1}{2}(\beta - \gamma)$ den Winkel $\beta - \gamma$. Der Satz ist in Worten gegeben; der Beweis, der den Tangentensatz voraussetzt, recht mühsam geometrisch. Die Methode ging von da ab in die meisten Lehrbücher über.

Von zusammenfassenden Darstellungen der gesamten Trigonometrie ist das II. Buch *Trigonometria* (1668) der *Astronomia Britannica* (Londini 1669) von V. WING wegen großer Übersichtlichkeit zu erwähnen. WING stützt sich auf NEPER, NORWOOD (s. o. S. 127) und eine offenbar nicht gedruckte Trigonometrie von CH. SCARBOROUGH. Er gibt zu jedem Fall ein logarithmisch durchgerechnetes Beispiel, läßt aber manchmal den Beweis weg. Wie in jener Zeit öfters, ist nach NEPERS Vorgang (*Descriptio* 1614; vgl. o. S. 127) der Fall des sphärischen Dreiecks aus den drei Seiten gemäß der Formel $\operatorname{tg}\frac{1}{2}(b + c) \cdot \operatorname{tg}\frac{1}{2}(b - c) = \operatorname{tg}\frac{1}{2}(p + q) \cdot \operatorname{tg}\frac{1}{2}(p - q)$ behandelt. WING benutzt die Abkürzungen s., cs., t., ct. N. STEPHENSON schrieb in einem nach Aufzeichnungen von J. MOORE zusammengestellten *A math. Compendium* (London 1674) S., Cos., T. und Cot., kürzte aber auch gelegentlich anders ab (si:, si. co., cos usw.).

J. WALLIS setzte in seinem *Treatise of angular sections* (Oxford 1684, Anhang z. *Algebra* 1685; lat. *Opera* II, 1693) S für Sinus, Σ für Kosinus, T für Tangens, τ für Kotangens und brachte mittels dieser Bezeichnungen zum erstenmal die goniometrischen Grundformeln in die Form von Gleichungen der Art

$$S = \sqrt{:}\, R^2 - \Sigma^2 = \frac{\Sigma T}{R} = \frac{T}{R}\sqrt{:}\, R^2 - S^2 = \text{usw.}$$

Hierbei fällt uns nur der noch auf lange mitgeschleppte Sinus totus (R) auf, sowie im weiteren die Mitberücksichtigung der Funktionen Sekans, Kosekans, Sinus versus (= 1 — cos) und Sinus versus complementi.

Während bei WALLIS selbst diese nicht unwichtigen Neuerungen eine mehr untergeordnete Rolle spielten, da er sie öffentlich nur gelegentlich eines kleinen Aufsatzes verwendete, baute, auf ihnen fußend, JOHN CASWELL seine gleichfalls der WALLISschen *Algebra* beigegebene *Trigonometry both plain and spherical* auf, die man als die erste mehr formelmäßige Darstellung der Trigonometrie betrachten darf. In dieser Abhandlung werden z. B. zum erstenmal die Formeln für den halben Winkel aus den drei Seiten eines ebenen Dreiecks durch algebraische Umformung des Kosinussatzes hergeleitet. Der große Fortschritt wird besonders ersichtlich, wenn man gegen diese Herleitung die abschreckenden geometrischen Beweise hält, die 1657 für dieselben Formeln F. v. SCHOOTEN in seinen *Exercitationes math.* (lib. V.) gegeben hatte.

Den sphärischen Kosinussatz leitet CASWELL aus dem Dreikant ab, indem er eine Seitenfläche umklappt. Es dürfte das die erste Stelle sein, wo zur Ableitung trigonometrischer Formeln darstellend-geometrische Methoden verwendet werden. Den Satz formt CASWELL dann algebraisch um, wobei er auch die sphärischen Halbwinkelformeln ableitet. Indem er die Basis des Dreiecks wie OUGHTRED mit B, die Schenkel mit m und n, die halbe Seitensumme mit ξ[1]) bezeichnet, erhält er z. B. für die Tangente des halben Winkels an der Spitze die Proportion

$$S\xi \times S:\xi - B:.\,S:\xi - m: \times S:\xi - n::\, Rq.\,Tq\,\tfrac{1}{2}\,\text{Ang.},$$

[1]) Es ist eigentlich das Zeichen für »Unze«, das aber einem ξ ähnelt.

die wir ohne Mühe in die moderne Form

$$\sin s \cdot \sin (s-b) : \sin (s-a) \cdot \sin (s-c) = 1 : \operatorname{tg}^2 \frac{\beta}{2}$$

übertragen. Die NEPERschen Analogien beweist CASWELL zuerst auf eine gekünstelte Weise geometrisch, führt aber später vier Sätze aus dem Nachlaß des Pfarrers THOMAS BAKER an, die er auf analytischem Wege aus den gewöhnlichen Sätzen für rechtwinklige Dreiecke herleitet und aus denen er dann ebenso die NEPERschen Analogien errechnet.

Hier ist auch Gelegenheit, über die »trigonometrischen Kurven« noch ein Wort zu sagen (s. o. S. 88). Die erste Funktion, die eine graphische Darstellung fand, war der Sinus. ROBERVAL zeichnete bei Gelegenheit der Bestimmung des Flächeninhaltes der Zykloide (1634?; vgl. II$_1$, 111) in diese hinein über derselben Basis mittels der Ordinaten des am linken Ende fest gedachten Kreises, dessen Abrollen die Zykloide erzeugt, eine Linie, die er »Trochoidis comes« (oder »socia«) nannte und die mit der einem vollen Umlauf entsprechenden Sinuslinie identisch ist. Der Name »Sinuslinie« findet sich erst bei dem französischen Jesuiten HONORÉ FABRI in einer unter dem Decknamen ANTIMUS FARBIUS veröffentlichten, im übrigen zur Vorgeschichte der Infinitesimalrechnung (vgl. I$_1$, 106 ff.) gehörenden Schrift *Opusculum geometricum de linea sinuum et cycloide* (Romae 1659; wieder abgedr. in dess. Verf. *Synopsis geom.*, Lugd. 1669). WALLIS gab im II. Teil (1670) seiner *Mechanica* eine richtige Diskussion des Vorzeichens von Sinus in allen vier Quadranten und zeichnete die Sinuslinie für zwei volle Umläufe, indem er auf beliebig viele Umläufe hinwies. Auch daß die Sinuslinie die Begrenzung eines in die Ebene aufgewickelten Zylinderhufes ist, gibt er an einer anderen Stelle an. Etwas später zeichnete er Zweige der Sekanslinie, übersah aber, daß sie in den Scheiteln horizontal verlaufen sollten und ließ die Hälften in einem rechten Winkel aneinander stoßen. J. GREGORY stellte in seinen *Exerc. geom.* (1668; vgl. II$_1$, 116) einen Teil der Tangenskurve im ersten Quadranten dar. Sekans- und Tangenskurve mit der Kosinuslinie in einer Figur, alle für den ersten Quadranten, findet man in den *Lectiones geometricae* (London 1670; 2. Aufl. 1674) von I. BARROW gezeichnet. Die Sekanskurve ist aber mindestens sehr ungenau und in anderen Figuren ist die Tangenslinie sogar falsch. Die Vorzeichen für tg in den verschiedenen Quadranten gab ohne Figur und ohne Beweis erst DE LAGNY (Mém. Ac. Paris 1705 (1706?)) richtig an und COTES lieferte in den der *Harmonia mensurarum* (veröff. 1722) angehängten *Opera miscellanea* richtige Bilder der Tangens- und Sekanskurve für zwei Umläufe. Der um die Trigonometrie sonst sehr verdiente F. C. MAIER bezeichnete aber noch (in den Comm. Ac. Petr. 1727 (1729)) Sinus und Tangens stumpfer Winkel als positiv, Kosinus und Kotangens als negativ.

Die großen Fortschritte, die man zu dieser Zeit in England gemacht hatte, faßten auf dem Festlande nur langsam Fuß. In Deutschland erschien im 17. Jahrhundert kein Trigonometriebuch von irgendeiner Bedeutung, sondern vielfach nur kurze Zusammenfassungen, die für Feldmesser bestimmt waren, die Sätze ohne Ableitungen gaben und zum Teil nicht einmal das logarithmische Rechnen berücksichtigten. Wir erwähnen von diesen nur die viel gebrauchten *Tabulae per universam mathesin* (Witemb. 1662) von AEGIDIUS STRAUCH und die *Pandora mathematicarum tabularum* von CHR. GRÜNEBERGER (Francofurti 1684 u. 1688), die in der Einleitung eine Übersicht über die trigonometrischen Sätze gaben. Aus der *Mathesis enucleata* (Nürnberg 1689, 1695 u. 1711) von JOH. CHR. STURM, wo u. a. auch die Trigonometrie kurz behandelt wird, ist vielleicht erwähnenswert, daß der Verfasser die Sekanten als leicht entbehrlich wegläßt.

Etwas mehr findet man bei den Franzosen, und es sind vor allem die uns schon bekannten großen Sammelwerke von DECHALES und OZANAM (vgl. II1, 8/9 u. o. S. 41), auf die wir hinweisen müssen. Des ersteren *Cursus seu mundus mathematicus* (1674 in 3, 1690 in 4 Bdn.) enthält im ersten Band einen vollständigen Abriß der ebenen und sphärischen Trigonometrie, freilich noch in der überkommenen Weise ohne Abkürzungen und mit geometrischen Beweisen. Den Fall der Summe zweier Winkel β und γ und ihres Sinusverhältnisses behandelt er etwas anders als STREETE (S. 129). Er setzt das Sinusverhältnis $\sin\beta : \sin\gamma = \operatorname{tg}\varphi : \operatorname{tg}\psi$, nimmt φ beliebig, bestimmt dazu logarithmisch ψ und indem er, natürlich alles in altertümlicher Form, aus der obigen Proportion die neue ableitet

$$\sin(\varphi+\psi):\sin(\varphi-\psi)=\operatorname{tg}\frac{\beta+\gamma}{2}:\operatorname{tg}\frac{\beta-\gamma}{2},$$

erhält er $\beta-\gamma$.

Noch besser ist die im zweiten Bande des *Cours de mathématique* (1693) von Ozanam enthaltene Trigonometrie, die zum Teil auf der von Dechales fußt. Wir deuteten schon im vorigen Teilbande an, daß Ozanam hier die sog. Newtonsche Interpolationsmethode (1687 angegeben und dann 1711 näher auseinandergesetzt; vgl. II_1, 231), wohl im unmittelbaren Anschlusse an das Briggssche Verfahren, aber in selbständiger Auffassung geschickt zur Berechnung trigonometrischer Tafeln ausbaute. Seine eigenen Tafeln entnahm er Vlacq (s. o. S. 126). Man findet bei ihm wieder die Formel für $\operatorname{tg}2\alpha$, den Kosinussatz in der modernen Form und die sog. separierte Tangentenformel $\operatorname{tg}C=\frac{c\sin B}{a-c\cos B}$, die im Wesen schon Vieta und Tycho Brahe bekannt war (I, 400). Bemerkenswert ist die neuartige analytische Fassung, die der Verfasser von der Aufgabe gibt, aus den drei Winkeln eines sphärischen Dreiecks die Seiten zu bestimmen. Auffallenderweise erwähnt Ozanam so wenig wie Dechales die Neperschen Analogien, wohl weil beide sie noch nicht recht zu handhaben wußten.

Wir fügen noch bei, daß die sog. Pothenotsche Aufgabe, die auf Snellius zurückgeht (I, 391), in unserem Zeitraum von John Collins (Phil. Trans. 1671) als neu bearbeitet und ebenso die sog. Hansensche Aufgabe, die ebenfalls von Snellius schon gelöst worden war (I, 392), von G. F. Meyer in einem Buche *Doctrina triangulorum* (Basel 1678) wiederum behandelt wurde.

An dieser Stelle sei auch, in Ergänzung der Mitteilungen über die analytische Darstellung und Berechnung der Zahl π im Teilband II_1 (S. 159 f.), derjenigen Bestrebungen gedacht, durch welche man versuchte, der Rektifikation des Kreises geometrisch näher zu kommen. Es ist hier besonders die Arbeit von Chr. Huygens *De circuli magnitudine inventa* (Lugd. Bat. 1654) zu nennen. In ihr bewies Huygens zum ersten Male scharf die von Snellius in seinem Buche *Cyclometricus* (1621) gegebene

Ungleichung (vgl. I, 401) und fügte dieser durch geometrische Überlegungen noch weitere, wesentlich engere Eingrenzungen des Bogens φ durch trigonometrische Funktionen von φ bei. Aus seinen Formeln erhielt er für $\varphi = \frac{1}{30}\pi$ die Zahl π auf neun Stellen genau. HUYGENS glaubte übrigens nicht an eine genaue Kreisquadratur[1]) und J. GREGORY versuchte sogar in seiner Abhandlung *Vera circuli et hyperbolae quadratura* (Patavii 1667; vgl. II1, 125) die Unmöglichkeit einer solchen zu beweisen. Aber daneben liefen zahlreiche Versuche wirklicher »Quadratoren«, von welchen wir nur GREGORIUS A ST. VINCENTIO erwähnen, der in seinem *Opus geometricum* (1647; vgl. S. 123) allein vier Verfahren dazu angab (vgl. noch S. 146).

Die Einführung der unendlichen Reihen (vgl. II1, 124 ff.) gab Veranlassung, sich der Formeln wieder zu erinnern, die für $\sin n\varphi$ und $\cos n\varphi$ bei besonderen ganzzahligen Werten von n schon gegeben worden waren und diese auf ein allgemeines n zu erweitern. Wir wissen, daß es hauptsächlich VIETA war (vgl. I, 399), der hier den Grund legte und in seiner Weise die Formeln bis zu $n = 10$ gab. Er sowohl wie BÜRGI (in einer nicht veröffentlichten Handschrift) erkannten schon das Bildungsgesetz der Koeffizienten. Über die VIETAschen Ergebnisse hinaus ging OUGHTRED zwar der Sache nach nicht, aber schon die den Beschluß der 1. Auflage der *Clavis mathematicae* (1631; vgl. II1, 1) bildende, bis zur Verfünffachung fortschreitende Darlegung ist VIETA in der algebraischen Form weit überlegen. Das letzte Ergebnis lautet dort OAqc − 5 Radq × OAc + 5 Radqq × OA = Radqq × OE, was bedeutet $(2\sin\alpha)^5 - 5(2\sin\alpha)^3 + 5\cdot 2\sin\alpha = 2\sin 5\alpha$. Daß der Radius überall 1 gesetzt werden kann, gibt OUGHTRED schon hier an. Aber erst WALLIS (s. u.) führte es durch. In der 2. Auflage (1648; noch öfter) gab OUGHTRED wohl schon die entsprechende Formel für $\sin 7\alpha$ und er verfaßte noch eine längere Abhandlung über »Winkelschnitte«, (veröff. in den *Opusc. math. hactenus ined.*, Oxonii 1677). Dort lautet die der angegebenen entsprechende Formel R^4) $a^4A - 3R^2a^2A + R^4A = E$. Hier ist zu setzen $A = 2\sin\varphi$, $E = 2\sin 5\varphi$,

[1]) Das Wort „inventa“ ist sicher als Nominativ Plural zu zu betrachten.

$a = 2 \sin \frac{1}{2}(180^0 - 2\varphi) = 2 \cos \varphi$. Die Klammer zeigt eine Division an, wobei links der Divisor steht[1]).

Wallis schloß sich in seiner schon S. 130 erwähnten größeren Abhandlung über Winkelteilung in der Bezeichnungsweise ganz an den von ihm hoch verehrten Oughtred an. Er suchte aber vor allem nach Lösungen der Teilungsgleichungen und wies nach, daß jede solche Gleichung so viele Wurzeln hat, als ihr Grad angibt, ja er unterschied bis zu $n = 7$ richtig die positiven und negativen Lösungen.

Der ersten allgemeinen Formel dieser Art begegnen wir nun in dem ersten Briefe Newtons an Leibniz vom 13. Juni 1676. Newton gibt dort als Beispiel für seine Methode zur Reihenumkehrung eine Formel für die Sehne eines Bogens im Kreis vom Durchmesser d, der sich zu einem Bogen, dessen Sehne x ist, wie $n:1$ verhält. Diese Formel lautet

$$nx + \frac{1-nn}{2\times 3dd}xxA + \frac{9-nn}{4\times 5dd}xxB + \frac{25-nn}{6\times 7dd}xxC$$
$$+ \frac{49-nn}{8\times 9dd}xxD + \ldots.$$

Sie geht sofort in eine bekannte Formel für $\sin n\varphi$ über (s. u. S. 136), wenn man $d = 2$, $x = 2 \sin \varphi$ setzt und beachtet, daß die Buchstaben $A, B, C, \ldots$ immer das ganze vorhergehende Glied bedeuten. Eine Ableitung dieser Formel durch Reihenrechnung gab Moivre (Phil. Trans. 1698). Er bemerkt, wie Newton das schon getan hatte, daß die Reihe nur für ungerad ganzzahliges n endlich wird.

Ohne, wie es scheint, diese Arbeiten zu kennen, veröffentlichte Joh. Bernoulli in den Act. Erud. 1701 die Formel

$$x = ab^{n-1} - \frac{n-2}{1}ab^{n-3} + \frac{n-3,\ n-4}{1,\ 2}ab^{n-5}$$
$$- \frac{n-4,\ n-5,\ n-6}{1,\ 2,\ 3}ab^{n-7} + \ldots,$$

und ihre Umkehrung, wo a die Sehne des einfachen Bogens im Kreis vom Radius 1, x die Sehne des n-fachen Bogens bedeutet und $b = \sqrt{4-a^2}$ ist. Diese Formel ist, wie wir

[1]) Diese Schreibweise ist noch heute in den Ländern englischer Zunge üblich.

sehen, nur die Verallgemeinerung der oben bei OUGHTRED angeführten, und wir brauchen lediglich $x = 2 \sin n\varphi$, $a = 2 \sin \varphi$, $b = 2 \cos \varphi$ zu setzen, um sie in die moderne Form überzuführen. BERNOULLI fügte auch noch die Reihen (und ihre Umkehrungen) bei (wo $2r = 1$, $b = \sqrt{1-a^2}$, $y = \sqrt{1-x^2}$),

$$x = nab^{n-1} - \frac{n, n-1, n-2}{1, 2, 3} a^3 b^{n-3} + \ldots \text{ und}$$

$$y = b^n - \frac{n, n-1}{1, 2} a^2 b^{n-2} + \ldots,$$

gab aber keine Beweise. Solche versuchte erst J. HERMANN (Act. Erud. 1703); aber auch er leitete nur, wie VIETA, die Formeln für bestimmtes n bis zu $n = 9$ an der Hand von Figuren ab und schloß dann auf ein beliebiges n.

JAK. BERNOULLI leitete in den Mém. Ac. Paris 1702 (1704) teils geometrisch, teils durch Induktion, die Reihen ab, von denen gleichfalls VIETA schon Sonderfälle angegeben hatte, und deren erste, wie er selbst angibt, die NEWTONsche ist ($a = 2 \sin n\varphi$, $b = 2 \cos n\varphi$, $x = 2 \sin \varphi$):

$$a = nx - \frac{n.nn-1}{4 \cdot 6} x^3 + \frac{n.nn-1.nn-9}{4 \cdot 6 \cdot 8 \cdot 10} x^5 - \ldots,$$

$$b = 2 - \frac{nn}{4} xx + \frac{nn.nn-4}{4 \cdot 6 \cdot 8} x^4 - \frac{nn.nn-4.nn-16}{4 \cdot 6 \cdot 8 \cdot 10 \cdot 12} x^6 + \ldots$$

Zur Bildung von $\operatorname{tg} n\varphi$ und $\sec n\varphi$ gab DE LAGNY (Mém. Ac. Par. 1705 (?1730); vgl. S. 145) allgemeine Regeln in Worten an, die er durch Verallgemeinerung der an einer Figur abgeleiteten Formeln für $n = 2, 3, 4, 5$ gewonnen hatte. J. HERMANN stellte in den Act. Erud. 1706 die entsprechenden allgemeinen Formeln auf, die er offenbar durch Induktion aus $\operatorname{tg}(\alpha + \beta)$ und $\sec(\alpha + \beta)$ (vgl. o. S. 129) erschloß. JOH. BERNOULLI leitete eine Regel für $\operatorname{tg} n\varphi$ in den Act. Erud. 1712 durch wirkliche Rechnung ab, indem er dabei den von ihm schon in den Mém. Ac. Paris 1702 (1704) veröffentlichten Zusammenhang zwischen Arcustangens und einem imaginären Logarithmus benützte. Die HERMANNsche Formel gab er erst in einem Nachtrag, setzte aber darin den Kreisradius $= 1$. In den Act. Erud. 1722 versuchte JOH. BERNOULLI einen Beweis ohne Verwendung des Imaginären zu geben, führte aber im Wesen das Induktionsverfahren HERMANNS nur näher aus, wobei er eine Formel für tg $(\alpha+\beta+\gamma+\ldots)$ aufstellte. Die Reihe für die Sehnen vielfacher Winkel hat auch F. C. MAIER in den Comm. Ac. Petr. 1728 (1732) entwickelt, indem er aus den für die ersten bestimmten Zahlen abgeleiteten Ausdrücken unter Bezugnahme auf eine in demselben Bande von ihm veröffentlichte Arbeit über figurierte Zahlen das allgemeine Glied bestimmte.

Von DE LAGNY müssen wir noch vier zusammengehörige, zum Teil umfangreiche, Arbeiten besprechen, die sich mit der von ihm als neue Wissenschaft von der Messung aller Winkel eingeführten »Goniometrie« befassen (Mém. Ac. Paris 1724 (1726), 1725 (1727), 1727 (1729) und 1729 (1731)). Die erste ist fast ganz einer rein geometrischen Methode gewidmet, die darin besteht, daß das Verhältnis zwischen einem dem Winkel entsprechenden Bogen und dem zugehörigen Halbkreis durch fortwährendes Abtragen, bis der Rest nicht mehr meßbar ist, in Kettenbruchform dargestellt wird. Eine zweite, rein analytische Methode wird hauptsächlich in der zweiten Abhandlung näher ausgeführt. Sie besteht im Wesen in der Verwendung der Arcustangensreihe. Aber DE LAGNY führt überall bemerkenswerte Verbesserungen ein, um die Rechnung zu verschärfen. So gibt er z. B. den kleineren spitzen Winkel des rechtwinkligen Dreiecks mit den Seiten 3, 4, 5 bis auf $\frac{1}{60^{10}}$ eines Grades an. In der dritten Abhandlung stellt er für das allgemeine Glied der Reihe, die aus der Arcustangensreihe durch Zusammenfassung von je zwei aufeinanderfolgenden Gliedern entsteht, einen allgemeinen Ausdruck auf und bestimmt die Grenzen der Annäherung, wenn man die Reihe bei einem bestimmten Gliede abbricht. Hier macht er auch wiederum die Bemerkung (vgl. II1, 84), daß aus der Möglichkeit, den Bogen durch eine unendliche, nach tg fortschreitende Reihe darzustellen, die Unmöglichkeit der »genauen und geometrischen« Rektifikation irgendeines Kreisbogens folge, bezeichnet aber selbst diese Art des Beweises als »metaphysisch und transzendent«, indem er darauf hinweist, daß man die Irrationalität der Logarithmen, die Unmöglichkeit der

Trisektion des Winkels und die Auffindung zweier mittleren Proportionalen (vgl. I, 64) auch nicht anders beweisen könne. In der vierten Abhandlung gibt DE LAGNY Grenzen an für die Ausdehnung der Rechnung, die man bei gegebenen Seiten eines rechtwinkligen Dreiecks zu machen hat, um nach seiner Methode einen der spitzen Winkel zu bestimmen. Ergänzende Betrachtungen bringt ein fünfter Aufsatz in demselben Bande.

Wir fügen hier einige Bemerkungen bei über die trigonometrischen Tafelwerke unseres Zeitraums, in Ergänzung zu I, 369/70. Weder OZANAM, noch JOHN NEWTON hatten ihre neuen und bequemen Methoden, die sich nicht viel voneinander unterschieden, selbst zur praktischen Berechnung von Tafeln benutzt. Dies geschah vielmehr erst von ABRAHAM SHARP am Anfange des 18. Jahrhunderts, worüber man durch MASÈRES' sechsbändiges Werk *Scriptores logarithmici* (London 1791/1807; Bd. III) unterrichtet wird. Nach dieser Quelle hat GARDINER in einer der vielen Auflagen von SHERWINS *Mathematical Tables* (3. Aufl. 1741; 1. Aufl. 1705) SHARPS sämtliche Rechnungen veröffentlicht. SHARP soll auch selbst seine Methoden in einem Buch *Geometry improved* unter dem Decknamen A. S. PHILOMATH. (London 1717) mitgeteilt haben. Die SHERWINschen Tafeln waren 7stellig, gingen von Minute zu Minute und enthielten die Sinus, Tangenten und Sekanten, sowie deren Logarithmen. Neben ihnen, die das ganze 18. Jahrhundert beherrschten, ist eigentlich nur noch eine sehr praktische und reichhaltige, ebenfalls 7stellige Sammlung von Tafeln, nämlich DODSONS *The calculator* (London 1747) erwähnenswert.

Auch auf dem Gebiete der Dreiecksberechnung hat das 18. Jahrhundert noch vor EULER nicht unwesentliche Fortschritte zu verzeichnen. Vor allem nähert sich die Form immer mehr der modernen, wenn auch gelegentlich noch Proportionen in Worten ausgesprochen werden. Is. NEWTON ist in seiner *Arithmetica universalis* (1707; verbessert 1722; 3. Aufl. 1732) auch auf diesem Gebiete vorangegangen. Das X. Problem dieses Werkes betrifft die Aufgabe, ein Dreieck aus der Grundlinie, der Summe der Schenkel und dem Winkel an der Spitze aufzulösen. NEWTON zieht die Winkelhalbierende, und wenn wir den spitzen Winkel, den diese mit der Grundlinie ($=c$) bildet, ε nennen, so stellt NEWTON in seiner Art die Proportion auf $c:(a+b)=\sin\frac{1}{2}\gamma:\sin\varepsilon$. Da aber $\varepsilon=90^0-\frac{1}{2}(\alpha-\beta)$, so können wir statt $\sin\varepsilon$ schreiben $\cos\frac{1}{2}(\alpha-\beta)$ und haben dann die eine der sog. MOLLWEIDEschen Formeln (Zachs Monatl. Korr. 1808). Im XI. und XII. Problem gibt NEWTON die drei Seiten, führt selbst kleine Buchstaben ein, indem er allerdings $AB=a$, $AC=b$ und $BC=c$ setzt und stellt in Worten die Proportion auf (wobei wir wieder unsere Seitenbezeichnung anwenden):

$$2ab:\sqrt{(a+b+c)(a+b-c)(a-b+c)(-a+b+c)}=1:\sin\alpha,$$

die hier zum erstenmal vorkommt. Die Halbwinkelformeln und die HERONsche Formel für den Dreiecksinhalt, die er im weiteren ableitet, sind zwar nicht neu, erscheinen aber in uns geläufigeren Formen.

In Deutschland waren zu jener Zeit die Schriften CHR. v. WOLFFS in aller Händen (vgl. II1, 2 u. 9). Aber auch sie hatten die Fortschritte der Engländer noch nicht übernommen, weder in der Ausdehnung noch in der Form der Sätze. Hervorzuheben ist nur die Gestalt, die WOLFF der NEPERschen Regel für das rechtwinklige sphärische Dreieck gibt. Es ist, abgesehen davon, daß noch der Sinus totus vorkommt, ganz die heute übliche. In Frankreich trat zu den Werken von DECHALES und OZANAM ein ziemlich umfangreiches Buch *Nouveaux traités de trigonométrie* von DEPARCIEUX (1741). Es enthielt gute 7stellige Tafeln, von Minute zu Minute, für Sinus, Tangens und Sekans und 8stellige Tafeln der Logarithmen von Sinus und Tangens, von 10 zu 10 Minuten. Sonst enthält aber auch dieses Werk nichts Neues. Es kann höchstens erwähnt werden, daß die Formel für $\operatorname{tg}\frac{\alpha}{2}$ im sphärischen Dreieck aus den drei Seiten, die ja im Wesen schon GELLIBRAND bekannt war (s. S. 126), hier in der Form der beiden in Worten ausgesprochenen Proportionen erscheint

$$\sin s:\sin(s-c)=\sin(s-b)\sin(s-a):x^2$$
$$\text{und }\sin(s-a):r=x:\operatorname{tg}\tfrac{1}{2}\alpha.$$

Nichts Besseres ist von den zu jener Zeit in Italien herausgekommenen Büchern zu berichten. Nur daß BOSCOVICH im Jahre 1737 zu Rom eine *Trigonometriae sphericae constructio* veröffentlichte, in der er eine gegen die früheren wesentlich vereinfachte graphische Auflösung der sechs Fundamentalaufgaben der sphärischen Trigonometrie gab, wäre zu verzeichnen.

Ja selbst in England gingen die erzielten Verbesserungen der Schreibweise nicht durchweg in die Lehrbücher über. Nur in WILLIAM JONES' *Synopsis palmariorum matheseos* (London 1706) findet sich eine sehr fortgeschrittene Symbolik. JONES bezeichnete Sinus, Tangens, Sekans, Sinus versus bzw. mit s, t, ſ, v und die Kofunktionen durch *s*, *t*, *ſ*, *v*. Das Additionstheorem für Sinus schrieb er z. B. in der Form

$$\mathrm{s,}\overline{\mathrm{A}+\mathrm{a}} = \overline{s,\mathrm{a}\times\mathrm{s,A}\pm s,\mathrm{A}\times\mathrm{s,a}} : \mathrm{r}.$$

Er gab auch in den Phil. Trans. von 1747 eine bemerkenswerte Zusammenstellung von alten und neuen Formeln, aus denen wir die allgemeinen Formeln für $\sin(\alpha+\beta+\gamma+\ldots)$ und $\cos(\alpha+\beta+\gamma+\ldots)$ hervorheben. Die entsprechende Formel für tg, die wir schon bei JOH. BERNOULLI fanden (1722; s. S. 137), brachte er ebenfalls. Aus diesen Formeln leitete er dann diejenigen für $\sin n\alpha$, $\cos n\alpha$, $\operatorname{tg} n\alpha$ usw. in verschiedenen Formen ab. THOMAS SIMPSONS *Trigonometry plane and spherical* (1748; 2. Aufl. 1765) enthält in anderer Richtung Bemerkenswertes. Wohl verwendet auch SIMPSON Abkürzungen, wie sin., co.-sin., tang. usw., aber er schreibt nur Proportionen. Wir finden jedoch bei ihm sehr schöne geometrische Ableitungen der beiden sog. MOLLWEIDEschen Formeln schon in der 1. Auflage (vgl. I, 400), ferner Sätze, wie den allerdings schon 1746 bei OPPEL (s. S. 142) vorhandenen

$$(b+a):(p-q)=\cos\frac{\gamma}{2}:\sin\frac{\beta-\alpha}{2},$$

wo p und q die durch die Dreieckshöhe auf der Seite AB gemachten Abschnitte bedeuten. Auch die Einführung des von R. ANDERSON zuerst benutzten Hilfswinkels (s. S. 129) behandelt er geschickt auf geometrische Weise. Die quadratische Gleichung löst er mit Hilfe von Trigonometrie, ähnlich wie dies schon früher CAVALIERI in der bereits im vorigen Teilband (S. 10) erwähnten Schrift, deren Titel beginnt *Compendio delle regole de triangoli* (1638!), getan hatte. In der sphärischen Trigonometrie gab er Formeln, die gleichfalls Summen und Differenzen, aber von Stücken verschiedener Dreiecke, enthielten.

Weniger durch Aufstellung neuer Sätze, als durch konsequente Benutzung der algebraischen Rechnung zeichnet sich ein Werk des Jesuiten JAKOB KRESA aus, das erst fünf Jahre nach des Verfassers Tode erschien: *Analysis speciosa Trigonometriae* (Prag 1720). Die Bezeichnungsweise der Engländer hat KRESA, obwohl er sie offenbar kannte, nicht übernommen. So schreibt er Sinus secundus $= S\,2$, statt Kosinus usw., setzt aber andererseits in Formeln den Sinus auch wieder gleich x oder y. Da diese Buchstaben unmittelbar daneben auch Strecken bedeuten können, ist natürlich öfters die Übersichtlichkeit gestört. Seine Formeln werden auch zum Teil dadurch verwickelt, daß er fast nur den Sinus gebraucht. Er schreibt z. B. das Additionstheorem des Sinus in der Form

$$S = \frac{y\sqrt{r^2 - x^2} + x\sqrt{r^2 - y^2}}{r}.$$

Ähnliche Unvollkommenheiten haften auch den Aufsätzen an, in denen F. CHR. MAIER die analytische Behandlung der Trigonometrie zu verbessern suchte. Grundlegend ist ein Aufsatz in den Comm. Ac. Petr. 1727 (1729). Seine Vorzeichenfehler für Winkel $> 90^0$ (s. o. S. 132) machten übrigens nicht viel aus, da er seine weiteren Ausführungen ausdrücklich nur auf spitze Winkel bezog. Die Verbesserung, die er einführte, bestand darin, daß er an Stelle der einzelnen Funktionen Buchstaben setzte, deren er allerdings sehr viele gebrauchte, da er keine Argumente beifügte. So schreibt er die Additionstheoreme für Sinus, Kosinus und Tangens z. B. in der Form

$$\frac{Sc \pm Cs}{r}, \quad \frac{Cc \mp Ss}{r} \quad \text{und} \quad rr\frac{T \pm t}{Tt \mp rr}.$$

Die großen Buchstaben entsprechen dabei immer dem größeren Winkel. Auf die Umwandlung von Formeln in logarithmierbare legte er großen Wert und leitet mehrere solche, wie etwa $\frac{S-s}{c-C} = \frac{B}{A} = \frac{r}{Q}$, $\frac{S-s}{S+s} = \frac{q}{Q}$ usw., wo A, B, Q der

Reihe nach sin, cos und tg von $\frac{\alpha+\beta}{2}$, a, b, q dasselbe von $\frac{\alpha-\beta}{2}$ bedeuten, geometrisch ab[1]). Den ANDERSONschen Hilfswinkel hingegen (s. S. 129) führt er analytisch ein. Auch die Formel $\operatorname{tg}\beta = \frac{b\sin\gamma}{a-b\cos\gamma}$ (s. o. S. 133) bringt er in seiner Bezeichnung. Proportionen gebraucht er gar nicht mehr. Wichtig ist die Bemerkung, die er freilich ohne Beweis ließ, daß in der sphärischen Trigonometrie aus dem Kosinussatze sämtliche Formeln für das schiefwinklige sowohl als für das rechtwinklige Dreieck abgeleitet werden könnten. Seine Methode wendete MAIER noch in zwei weiteren Aufsätzen der Petersburger Commentarien (1729 (1735) und 1730/31 (1738)) an und trotz der großen Unbequemlichkeit, die darin lag, daß bei neuen Argumenten immer wieder neue Buchstaben eingeführt werden mußten, schlossen sich mehrere deutsche Gelehrte, wie DANIEL BERNOULLI, J. HERMANN und WOLFGANG KRAFFT (ebd. 1729 (1735)), der MAIERschen Bezeichnungsweise an. Sogar der Franzose MAUPERTUIS gebrauchte MAIERS Verfahren (z. B. in seiner *Astronomie nautique*, 1751).

Der bedeutendste Vertreter der Trigonometrie aber, vor EULER, war F. W. VON OPPEL. Auch er war ein Anhänger MAIERS. In seinem Buche *Analysis triangulorum* (fol., Dresdae et Lipsiae 1746) setzte er sich das Ziel, aus wenigen mit Hilfe der Geometrie abgeleiteten Sätzen die ganze ebene und sphärische Trigonometrie analytisch zu entwickeln. Dieses Ziel hat er wirklich erreicht, wenn auch die MAIERsche Buchstabenbezeichnung die Lektüre sehr erschwert. Auch findet sich manches Neue in dem Werke. Das Wichtigste ist vielleicht, daß hier beide sog. MOLLWEIDEschen Gleichungen (s. S. 140) ganz in der heutigen Form mitgeteilt werden. OPPEL leitet sie aus dem geometrisch aufgestellten Tangentensatz durch Rechnung ab. Indem a den Sinus totus, m, n die Schenkel, AB die Basis des Dreiecks bedeuten und p, v Symbole für die Sinus der halben Summe bzw. Differenz der Winkel an der Basis sind, werden die Sätze geschrieben

[1]) Dem Inhalt nach kommen diese Formeln schon bei VIETA (1579 und 1593; vgl. I, 399) vor.

$$v = (m - n)\,p : AB \text{ und } \sqrt{a^2 - v^2} = (m + n)\sqrt{a^2 - p^2} : AB.$$

Den Kosinus drückt OPPEL überhaupt fast immer durch den Sinus aus. Unter den von ihm mitgeteilten Formeln seien hervorgehoben

$$4b^2c^2d^2 = a^2(b + c + d)(b + c - d)(d + b - c)(c + d - b),$$

wo b, c, d die Sinus dreier Winkel eines Dreiecks bedeuten, sowie die Formel, die er für den Sinus eines Dreieckswinkels aus den drei Höhen h, i, k des Dreiecks gibt

$$a\sqrt{(ik+kh+hi)(ik+kh-hi)(hi+ik-kh)(kh+hi-ik)} : 2kih^2.$$

OPPEL ist auch der erste, der die sphärische Trigonometrie ganz systematisch (vgl. CASWELL S. 130, auch BOSCOVICH S. 139) auf die Figur des an der oberen Kante aufgeschnittenen Dreikantes stützt, dessen beide Seitenflächen in die Grundebene umgeklappt werden. Aus dieser Figur leitet er den Sinus- und Kosinussatz ab, bemerkt, daß sich aus diesen beiden Sätzen sämtliche anderen Formeln ableiten lassen, und zeigt, wie man vermittels des Supplementardreiecks zu jeder Formel eine reziproke bilden kann. Solcher Formeln entwickelt er sehr viele, ohne aber auf deren Logarithmierbarkeit Rücksicht zu nehmen, so daß die NEPERschen Analogien z. B. bei ihm fehlen.

§ 2. Eulers Verdienste um die Reform und Weiterführung der Trigonometrie.

Daß ein so ausgesprochen analytisches Genie, wie EULER, auch die rechnende Trigonometrie, wenn er sich nur mit ihr befaßte, einen bedeutenden Schritt vorwärts bringen mußte, ist an sich klar. Veranlassung dazu bot ihm aber die schon viel genannte *Introductio* (1748), wo er im 8. Kapitel des I. Bandes die Winkelfunktionen als solche zum ersten Male in die Analysis einführte, als Zahlengrößen, mit denen man rechnen konnte wie mit anderen, so daß sie auf die Dimension der Ausdrücke künftighin ohne Einfluß waren. Freilich hat EULER nirgends die trigonometrischen Funktionen ausdrücklich als Verhältnisse der Seiten eines rechtwinkligen Dreiecks definiert, sie aber überall so aufgefaßt (vgl. II1, 158). Schreib- und Darstellungsweise ist ganz die heutige, wenn man von Geringfügigkeiten absieht. Schon in einer Arbeit der Comm. Ac. Petr. 1729 (1735) schrieb er den sphärischen Kosinussatz in der Form

$$\cos{:}BC = \cos{:}AB \cdot \cos{:}AC + \cos A \cdot s\,AB \cdot s\,AC.$$

Hier ist der Sinus totus, den die meisten früheren Autoren mitschleppten, bereits gleich 1 gesetzt. Die Funktionsbezeichnungen der *Introductio* sind sin. *A*. *z* oder sin. *z* (*A* = arcus), cos. *A*. *z* oder cos. *z*, tang. *z*, cot. *z* usw. Die Formeln für $\sin(z + \frac{1}{2}\pi)$, $\sin(z + \pi)$ usw. sind gleich zu Anfang des erwähnten Kapitels zum erstenmal systematisch aufgestellt. Daß hier dann der sog. Moivresche Satz auftritt, wurde schon an der oben angeführten Stelle erwähnt. Euler schreibt z. B.

$$\cos.nz = \frac{(\cos.z + \sqrt{-1}\sin.z)^n + (\cos.z - \sqrt{-1}\sin.z)^n}{2},$$

entwickelt die Potenzen und erhält so die Formel für $\cos nz$ (s. oben S. 136) und ähnlich für $\sin nz$. Aus diesen Formeln leitet er, indem er n unendlich groß werden läßt und z sehr klein nimmt, so daß $\cos z = 1$, $\sin z = z$ gesetzt werden darf, die Sinus- und Kosinusreihe ab. Ebenso bildet er Reihen für Sinus, Kosinus, Tangens und Kotangens von $\frac{m}{n} \cdot \frac{\pi}{2}$, die er teilweise schon in den Comm. Ac. Petrop. 1739 (1750) veröffentlicht hatte. Er gibt dann erschöpfend an, wie diese Reihen zur Berechnung der trigonometrischen Tafeln benutzt werden können. Weitere Reihen für $\sin^n\varphi$, $\cos^n\varphi$, $\sin^m\varphi \cos^n\varphi$[1]), fortschreitend nach Funktionen der Vielfachen von φ, entwickelte er noch später in den Nov. Comm. Ac. Petr. 1754/55 (1760). Auf den Zusammenhang der Exponentialfunktion mit den trigonometrischen Funktionen stieß Euler schon in einem Aufsatz über Reihen der Comm. Ac. Petr. 1740 (1750). Die entsprechende Definitionsformel für Sinus gab er in den Misc. Berol. 1743, aber erst in der *Introductio* bewies

---

[1]) Die Schreibweise $\sin^2\alpha$ für $(\sin\alpha)^2$ findet sich zum erstenmal bei Jones (1706; s. o. S. 140).

er die Formeln für Sinus und Kosinus. Von Cotes' Ergebnissen (1714/16; vgl. II1, 158) hatte Euler offenbar keine Kenntnis. In der *Introductio* leitete er die Formeln

$$\cos x = \frac{1}{2}(e^{ix} + e^{-ix}) \text{ und } \sin x = \frac{1}{2i}(e^{ix} - e^{-ix})$$

auch aus den Ausdrücken

$$\frac{1}{2}\left[\left(1+\frac{xi}{n}\right)^n + \left(1-\frac{xi}{n}\right)^n\right] \text{ und } \frac{1}{2i}\left[\left(1+\frac{xi}{n}\right)^n - \left(1-\frac{xi}{n}\right)^n\right]$$

für $n = \infty$ ab und fügte noch bei

$$x = \frac{1}{2i}\log\frac{\cos x + i\sin x}{\cos x - i\sin x} = \frac{1}{2i}\log\frac{1+i\,\mathrm{tg}\,x}{1-i\,\mathrm{tg}\,x}.$$

Die Definition von $\sin(x+iy)$ und $\cos(x+iy)$ gab er erst in den Mém. Ac. Berl. 1749.

Die Summierung von Sinus- und Kosinusreihen, wenn die Argumente in arithmetischer Reihe wachsen, hatte Euler schon in den Misc. Berol. 1743 geleistet. In der *Introductio* kam er von einem allgemeineren Gesichtspunkte aus auf sie zurück. Später (*Opusc. anal.*, Petrop. 1783) befaßte er sich auch mit solchen Reihen, deren Argumente in geometrischer Reihe fortschreiten. Die Darstellung der trigonometrischen Funktionen durch Produkte hatte Euler schon in den Comm. Ac. Petrop. 1734/35 (1740) begonnen, wo er eine Produktdarstellung für Sinus gab. Dasselbe führte er für Sinus und Kosinus von $\frac{m}{n}\pi$ in den Comm. Ac. Petr. 1740 (1750) und Misc. Berol. 1743 aus. All dies fand auch mit manchen Ergänzungen Aufnahme in die *Introductio*, in deren 14. Kapitel er sich auch eingehend dem Problem der Multiplikation und Teilung der trigonometrischen Funktionen widmete. Daß Euler bei diesen mannigfaltigen Untersuchungen mehr schöpferisch als kritisch vorging, haben wir schon im vorigen Teilband angedeutet. Es lag dies so sehr in seiner Natur, daß er die Einwände, die ihm insbesondere Nikolaus I Bernoulli schon 1742 und 1743 machte, unbeachtet ließ, und nach wie vor mit unendlichen Reihen ohne Unterschied rechnete, Sätze über endliche Polynome auf unendliche Reihen ausdehnte, und dem Index n, der beim Beweise ursprünglich als ganzzahlig vorausgesetzt war, ohne weiteres beliebige Werte erteilte. Häufig war das erreichte Resultat trotzdem richtig, einige Male ergaben sich aber auch Fehler, so besonders in dem erwähnten Aufsatze der Nov. Comm. Ac. Petr. 1754/55 (1760).

Im II. Bande der *Introductio* (22. Kapitel) benutzte EULER die Regula falsi, um transzendente Gleichungen, wie $s = \cos s$ oder $s = \sin 2s$ usw., zu lösen (vgl. I, 401/2). Er erdachte diese Aufgaben, wie er selbst sagte, um zu sehen, ob man auf diesem Wege nicht der Quadratur des Kreises näher kommen könne. Auch später, als schon LAMBERT die Irrationalität von π bewiesen hatte (vgl. II_1, 160), kam EULER auf ähnliche Betrachtungen zurück und betonte, daß die Unmöglichkeit der Quadratur des Kreises damit noch keineswegs erwiesen sei.

Bevor wir zu EULERS Verdiensten um die sphärische Trigonometrie übergehen, seien noch ein paar abseits liegende, von EULER im Anschluß an eine von DESCARTES ersonnene, später öfters wieder entdeckte Konstruktion eines Kreises von gegebenem Umfang (DESCARTES' *Opuscula posthuma*, Amsterdam 1701; vgl. dessen *Œuvres* X) aufgestellte trigonometrische Entwickelungen erwähnt. Das ist einerseits die unendliche Reihe (vgl. Nov. Comm. Ac. Petr. 1760/61 (1763))

$$\operatorname{tg} \varphi + \frac{1}{2} \operatorname{tg} \frac{\varphi}{2} + \frac{1}{4} \operatorname{tg} \frac{\varphi}{4} + \cdots = \frac{1}{\varphi} - 2 \operatorname{ctg} 2\varphi,$$

andererseits das unendliche Produkt

$$\cos \varphi \cos \frac{\varphi}{2} \cos \frac{\varphi}{4} \cdots = \frac{\sin 2\varphi}{2\varphi},$$

welch letzteres EULER schon in den Comm. Ac. Petr. 1737 (1744) auf andere Weise abgeleitet hatte.

Mit der sphärischen Trigonometrie als solcher hat sich EULER ausdrücklich in zwei größeren Aufsätzen von verschiedenen Gesichtspunkten aus beschäftigt. Zuerst in den Mém. Ac. Berl. 1753 (1755), wo er die sphärische Trigonometrie ganz allgemein als eine Geometrie der aus kürzesten Linien gebildeten Dreiecke auf der Kugelfläche aufbaute. Indem er vom rechtwinkligen Dreieck ausging, bezeichnete er (vgl. Fig. 11) die eine Kathete AP mit x[1]), die andere PM mit y, die Hypotenuse AM mit s. Dann ist, wenn O den Pol des zu AP gehörigen Hauptkreises (Äquators) vorstellt, und Op ein zu OP unendlich benachbarter Meridian ist, $Mm = ds$, $mn = dy$, $Pp = dx$ und Mn als auf einem Parallelkreis der Breite y liegend gleich $dx \cos y$, demnach $ds = \sqrt{(dy)^2 + (dx \cos y)^2}$. EULER sucht jetzt die Bedingungen, unter welchen das Integral dieses Bogenelementes ein Minimum wird, und erhält auf diese Weise die 10 Gleichungen, die aus der NEPERschen Regel (vgl. dessen *Descriptio* 1614) entspringen. Hier tritt nun jene Bezeichnung zum erstenmal auf, die wir heute für selbstverständlich zu halten geneigt sind und deren Fehlen ältere Arbeiten oft so unbequem gestaltete. Wir meinen die Bezeichnung a, b, c für die drei Seiten und A, B, C für die gegenüberliegenden Ecken und auch Winkel des Dreiecks. Daß wir letztere meist mit α, β, γ bezeichnen, ist ja weniger wesentlich. Es ist das erst eine Einführung des 19. Jahrhunderts, wenn auch α, β, γ schon gelegentlich von A. G. KÄSTNER in dessen *Anfangsgründen der Arithmetik, Geometrie* usw. (Göttingen 1759; 6. Aufl. 1800) verwendet worden waren. Diese neue Bezeichnungsweise setzt EULER instand, die zehn Gleichungen ganz in unserer Form zu schreiben. Er entnimmt ihnen sodann auch die 6 voneinander verschiedenen Grundgleichungen für das rechtwinklige Dreieck.

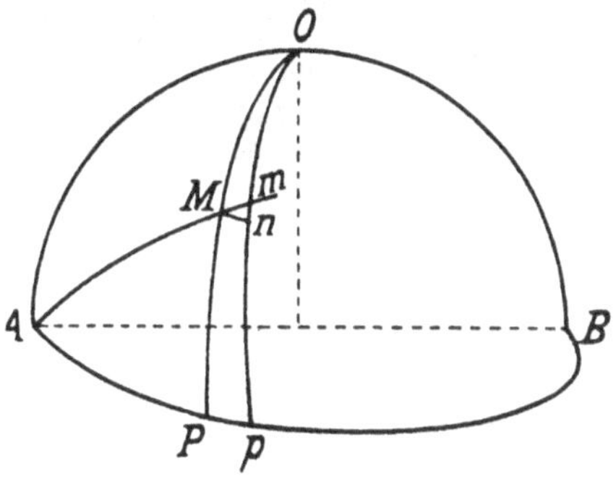

Fig. 11.

In entsprechender Weise verfährt nun EULER beim allgemeinen sphärischen Dreieck. Er erhält, indem er das Minimum einer Seite bestimmt, zunächst 5 Funda-

1) Die Figur wurde vom Verfasser etwas verbessert.

mentalgleichungen, aus denen er dann den Sinussatz, die zwei Kosinussätze und die sog. Kotangentenregel (zuerst bei VIETA, s. I, 400) ableitet, welch letztere allerdings bei ihm in der Form erscheint

$$\sin a \operatorname{tg} C - \sin B \operatorname{tg} c = \cos a \cos B \operatorname{tg} C \operatorname{tg} c,$$

die durch Division mit $\operatorname{tg} C \operatorname{tg} c$ in die heute übliche übergeht. EULER schreibt auch jeden Satz in den drei Formen, die durch zyklische Vertauschung auseinander hervorgehen, ohne letztere selbst anzuwenden. Das Polardreieck erwähnt EULER nicht, und auch sonst gibt es ein paar geringfügige Lücken in bezug auf Vollständigkeit in dem Aufsatz. Hingegen sind die Anwendungen und Umformungen, die EULER von den Fundamentalsätzen gibt, äußerst reichhaltig. Man findet u. a. hier alle Halbwinkelformeln, aber ohne Abkürzung für die halbe Seiten- oder Winkelsumme, die vier NEPER-BRIGGSschen Analogien, die Einführung eines Hilfswinkels beim Kosinussatz, letzteren auch in der neuen Form

$$\cos a = \tfrac{1}{4}\cos(A-b+c) + \tfrac{1}{4}\cos(A+b-c) - \tfrac{1}{4}\cos(A-b-c)$$
$$-\tfrac{1}{4}\cos(A+b+c) + \tfrac{1}{2}\cos(b-c) + \tfrac{1}{2}\cos(b+c),$$

sowie die zu dieser polare Formel.

Hier sei eingeschaltet, daß EULER dieser Abhandlung in dem nämlichen Bande eine Arbeit folgen ließ, in der er ausführlich die Trigonometrie auf einem Sphäroid behandelte, besonders in Rücksicht auf die Erdvermessungen (vgl. o. CLAIRAUT S. 95). Ähnliche Untersuchungen stellte später DIONIS DU SÉJOUR an (Mém. Ac. Paris 1778 (1781)).

In dem zweiten Aufsatz über sphärische Trigonometrie (Comm. Ac. Petr. 1779 (1782)) wählte EULER eine elementare Grundlage, um das Formelsystem der sphärischen Trigonometrie aufzustellen. Er ging dabei vom Dreikant aus, das er mit geeigneten Ebenen schnitt, um dann ebene Trigonometrie anzuwenden (ähnlich wie COPPERNICUS; vgl. I, 393/4). Auf diese Weise leitete er den Sinussatz, den Kosinussatz für die Seiten und die neue, fünf Stücke in Beziehung setzende Formel ab $\cos A \sin c = \cos a \sin b - \sin a \cos b \cos C$, mit der Bemerkung, daß diese drei Formeln die ganze sphärische Trigonometrie umfaßten. Die hier gewonnene dritte Gleichung formte EULER mehrfach um; er leitete aus ihr die sog. Kotangentenformel ab, sowie den Kosinussatz für die Winkel und mit Hilfe des Sinussatzes die zu ihr polare Formel. Erst hinterher erklärt er das Polardreieck und seine Verwendung, gibt auch hier die logarithmierbaren Sätze in teilweise anderer Ableitung und erklärt mit Recht die Abhandlung als ein vollständiges — und wir können hinzufügen als das erste vollständige — System der sphärischen Trigonometrie.

§ 3. Eulers Zeitgenossen und Nachfolger.

1. Ausbau der Trigonometrie.

Wir wollen nun zunächst an das Ende des vorigen Paragraphen anknüpfen, um mehrere von Euler unabhängige Leistungen zu besprechen. Francis Blake behandelte mittels einer Methode, die eine Vereinfachung des schon von den Arabern und Regiomontan geübten Verfahrens (I, 299) darstellt, in den Phil. Trans. von 1752 die Hauptfälle der sphärischen Trigonometrie. Mittels des nämlichen Verfahrens leitete 1799 im Journ. Éc. Polyt. Lagrange und nach ihm viele andere, den Kosinussatz ab. Die Versuche von Patrick Murdoch (Phil. Trans. 1758 II (1759)) und G. F. Castillon (Mém. Ac. Berlin 1766 (1768)), mittels der nicht immer in der geschmeidigsten Form auftretenden Halbwinkelsätze andere, aber auch schon bekannte Theoreme zu beweisen, können nur erwähnt werden. A. G. Pingré, der sich schon der Eulerschen Schreibweise bediente, dehnte Nepers Regeln für rechtwinklige sphärische Dreiecke auf schiefwinklige aus, indem er in diesen eine Höhe zog (Mém. Ac. Paris 1756 (1762)). Diese Pingréschen Regeln in Verbindung mit den Neperschen Regeln selbst umfaßten aber die Fälle a, b, c und α, β, γ nicht. Deshalb suchte sie W. Fisher in den Trans. R. Soc. Edinb. 1798 auch auf diese Fälle auszudehnen, zu welchem Ende er dier Sätze aufstellte. Doch auch in dieser Form erlangte das Pingrésche Verfahren keine Bedeutung.

Einen wirklichen Fortschritt bildet eine Abhandlung von G. Heinsius (Act. Erud. 1756), der zum erstenmal eine Diskussion der doppeldeutigen Fälle der sphärischen Trigonometrie nicht durch geometrische Betrachtungen, was schon RHETICUS und OTHO (vgl. I, 395) große Schwierigkeiten gemacht hatte, sondern auf Grund der goniometrischen Formeln lieferte. Bemerkenswert ist, daß er weder EULERS Bezeichnungsweise anwendete, noch auch aus der *Introductio* gelernt hatte, die Vorzeichen von Tangens richtig zu bestimmen. HEINSIUS scheint sich aber seiner eigenen Unklarheit bewußt gewesen zu sein und schloß die Tangente aus seinen Formeln aus, die sonach alle richtig sind. Einen neuen, wenn auch nicht sehr fruchtbaren Gedanken brachte D'ALEMBERT (Misc. Taur. IV, 1760/69), indem er in die Trigonometrie der Kugel auch Kleinkreise einzubeziehen suchte. BOSSUT knüpfte an D'ALEMBERTS Abhandlung an in seinem *Traités de calcul diff. et de calcul intégr.* (Paris 1798). Beide Verfasser bestimmten auch die Flächen von Zwei- und Dreiecken mit Bogen von Kleinkreisen als Seiten.

Daß J. H. LAMBERT auch in der Trigonometrie treffliche Einsichten besaß, wird nicht wundernehmen. Er äußerte im I. Bande seiner *Beyträge zum Gebrauch der Mathematik* (Berlin 1765; vgl. o. S. 129) allgemeine Ansichten über das, was in der Trigonometrie nottue, und was wirklich 14 Jahre später von EULER (s. S. 148) in Erfüllung gebracht wurde, machte aber auch selbst im einzelnen weittragende Fortschritte. So führte er den Gedanken, der NEPER wohl auf seine Regel für die rechtwinkligen sphärischen Dreiecke gebracht hatte (s. o. S. 147), sich aber bei ihm nur angedeutet findet, weiter aus, und zwar in einer Weise, die erkennen läßt, daß er sich über den wirklichen Grund dieser Regel, der in dem Begriffe der Gruppe liegt, vollkommen klar war. Daran anschließend stellt LAMBERT ganz in der Schreibweise EULERS die wichtigsten goniometrischen Formeln zusammen und gibt dann eine sehr geschickte, ziemlich erschöpfende Darstellung der Trigonometrie des schiefwinkeligen sphärischen Dreiecks, wobei er nach Fällung einer Höhe, mittels der Formeln für die rechtwinkligen Teildreiecke schließlich die Hauptsätze der sphärischen Trigonometrie und die Halbwinkelsätze aufstellt. Außerdem fügt er noch neue logarithmische Umformungen des Kosinussatzes und der Kotangentenformel bei. Die Dreiecke bezeichnet er mit derselben Konsequenz wie EULER, nur daß er die großen und kleinen Buchstaben vertauscht. Bei rechtwinkligen Dreiecken wich er allerdings davon ab, in den *Zusätzen zu den log. und trigon. Tabellen* (Berlin 1770). LAMBERT faßte hier die trigonometrischen Funktionen ebenfalls als Verhältnisse auf, wenn er es auch so wenig wie EULER besonders hervorhob. Er schrieb z. B. ganz wie wir $k = h \sin a$, wo k, h die Seiten sind und a ein Winkel ist. Auch eine Näherungsformel für den Bogen, besser als die des SNELLIUS (s. I, 401) teilte er in denselben *Zusätzen* und im II. Band seiner *Beyträge* (Berlin 1770) mit: $\varphi = \frac{28 \sin \varphi + \sin 2\varphi}{18 + 12 \cos \varphi}$ [1]). Einen Beweis trug erst MOLLWEIDE (Zachs Monatl. Korr. XVI, 1807) nach.

Wir schieben hier einige Bemerkungen ein über die Hyperbelfunktionen, deren Grundlegung schon gelegentlich der Quadratur der gleichseitigen Hyperbel geschehen war, wenn auch erst MOIVRE (vgl. II1, 37) erkannte, daß bei Vertauschung des Reellen und Imaginären Kreisaufgaben in solche für die gleichseitige Hyperbel übergehen und es VINCENZO RICCATI vorbehalten blieb, die Grundgleichungen für sie aufzustellen (*Opusc.* I, Bononiae 1757). LAMBERT nun benutzte die bereits bekannten Beziehungen zwischen den Argumenten der Kreis- und zugehörigen Hyperbelfunktionen, um verwickeltere Rechnungen mit ersteren auf eine einfache, logarithmierbare Form zu bringen. Im besonderen gab er eine solche Formel, nachdem er zuerst eine Tabelle der Hyperbelfunktionen berechnet hatte, für den Fall, daß aus den gegebenen Seiten A und B eines sphärischen Dreiecks zu jedem Wert des Winkels c der Winkel a berechnet werden sollte (Mém. Ac. Berlin 1768 (1770)).

Der erste, der die »trigonometrischen Funktionen« als solche benannte und zugleich als Verhältnisse der Seiten, wie wir es heute tun, ausdrücklich einführte, war SIMON KLÜGEL (*Analytische Trigonometrie*, Braunschweig 1770). Den Übergang zum Negativen bei Tangens von Winkeln über 90°, der in der geometrischen Darstellung so große Schwierigkeiten gemacht hatte (s. S. 132), erklärte nun KLÜGEL sehr einfach analytisch. In der Bezeichnung schloß

---

[1]) Die Formel tritt schon bei NEWTON auf (Bf. an LEIBNIZ vom 13. VI. 1676).

er sich EULER an. Bei ihm findet man wohl zum erstenmal das Additionstheorem für Sinus aus dem am Dreieck gewonnenen Satze $\sin C = \sin A \cos B + \cos A \sin B$ abgeleitet. Er hebt dessen grundlegende Wichtigkeit für alle Lehrsätze über Zusammensetzung der Winkel besonders hervor. Außer den gewöhnlichen Sätzen hat er in der ebenen Trigonometrie auch die separierte Tangentenformel (s. S. 133, 142). KLÜGEL war wohl auch der erste, der die verschiedenen trigonometrischen Reihen, die er durchaus selbständig bearbeitete, in ein Lehrbuch aufnahm. Für die Summen der trigonometrischen Reihen, deren Argumente eine arithmetische Reihe bilden, gab er die ersten stichhaltigen Beweise (vgl. EULER, S. 145). Auch die sphärische Trigonometrie stellte er selbständig dar. Er leitete am Dreikant die Grundgleichungen für das rechtwinklige Dreieck her und dehnte diese zum erstenmal auf Dreiecke aus, die außerdem noch Winkel über 90^0 haben. Daran schlossen sich alle bekannten Sätze über schiefwinklige Dreiecke, das Ganze in analytischer Behandlung, wie es der Titel angekündigt hatte. Zu jeder Formel gibt er die Polarformel mittels des Polardreiecks. Seit den 70er Jahren des 18. Jahrhunderts war die analytische Methode in den trigonometrischen Arbeiten die herrschende, und KLÜGELS Buch hat dazu vielleicht nicht wenig beigetragen. Bis die geometrischen Begründungen aus den gebräuchlichen Lehrbüchern verschwanden, dauerte es freilich noch wesentlich länger.

Unter den Nachfolgern EULERS sind mehrere hervorragende Mathematiker. Von ihnen hat der Petersburger Akademiker A. J. LEXELL Besonderes in der sphärischen Trigonometrie geleistet. Er zeigte (Act. Ac. Petr. 1781 I (1784)), daß der Ort für die Spitzen aller gleichflächigen Dreiecke über derselben Grundlinie ein Kleinkreis ist (vgl. o. S. 91), ferner (Act. Ac. Petr. 1782 I (1786)), daß die Produkte der Sinus einer Seite (bzw. eines Winkels) und der zugehörigen Höhe einen konstanten Wert d (bzw. δ) haben, wo $d = 2\sqrt{\sin s \sin(s-a) \sin(s-b) \sin(s-c)}$ und $\delta = 2\sqrt{-\cos S \cos(S-A) \cos(S-B) \cos(S-C)}$ ist, für $s = \frac{1}{2}(a+b+c)$, $S = \frac{1}{2}(A+B+C)$. Mit Hilfe dieser Gleichungen, die Verallgemeinerungen der HERONschen Formel darstellen, leitete er elegante Ausdrücke für die Tangenten des Umkreis- und Inkreisradius eines Dreiecks ab, stellte Formeln auf für $\cos\frac{1}{2}(A \pm B \pm C)$ (vgl. S. 156), bewies einen dem Ptolemäischen Lehrsatz entsprechenden Satz für das sphärische Sehnenviereck und dehnte in einer Abhandlung der Act. Ac. Petr. 1782 II (1786)) noch mehrere andere Sätze der ebenen Geometrie auf die Kugel aus.

Hervorragende Verdienste hat sich LEXELL auf dem Gebiete der Polygonometrie erworben. Schon LAMBERT hatte ja im II. Bande seiner *Beyträge* (1770) begonnen, auch für Vierecke direkte Formeln aufzustellen, J. T. MAYER (*Tetragonometriae specimen* I, Diss. Göttingen 1773) und ST. BIÖRNSEN (*Introductio in Tetragonometriam ad mentem Lambert*, Havniae 1780) hatten versucht, LAMBERTS noch unvollkommene und lückenhafte Ausführungen zu ergänzen. Aber erst LEXELL gelang es, eine allgemeine Methode zur Berechnung beliebiger Polygone zu entwickeln (Nov. Comm. Ac. Petr. 1774 (1775) und 1775 (1776)). Er projizierte das Polygon auf zwei senkrechte Achsen. Dadurch erhielt er die leicht verständlichen Gleichungen

$$a \sin\alpha + b \sin(\alpha + \beta) + \ldots\ldots + l \sin(\alpha + \beta + \ldots + \lambda) = 0,$$
$$a \cos\alpha + b \cos(\alpha + \beta) + \ldots\ldots + l \cos(\alpha + \beta + \ldots + \lambda) = 0,$$

wobei $\alpha + \beta + \ldots. + \lambda = 360^0$ ist für gewöhnliche Polygone. Auf dieser Grundlage ergeben sich die Fundamentalgleichungen der ebenen Trigonometrie; ferner kann LEXELL natürlich die Ergebnisse seiner Vorgänger für das Viereck mühelos entwickeln, und indem er noch eine Diagonale dazunimmt, gibt er zum erstenmal eine vollständige Aufzählung der möglichen Fälle beim Viereck. Er liefert ferner noch eine Lösung der sog. HANSENschen Aufgabe (vgl. S. 133) und des ebenfalls in der Geodäsie vorkommenden Problems, aus den vier Seiten und einer Diagonale eines Vierecks die zweite Diagonale zu bestimmen.

Verschiedene Abhandlungen zur sphärischen Trigonometrie veröffentlichten N. FUSS und F. TH. SCHUBERT, gleichfalls Petersburger Akademiker, in den Nov. Act. Ac. Petr. 1784 (1788), 1785 (1788), 1786 (1789) und 1794 (1801). J. T. MAYER gab eine logarithmische Behandlung des ebenen Kosinussatzes (*Gründlicher . . . Unterricht z. prakt. Geom.* I. Bd., Göttingen 1777). Auch KÄSTNER ist mit seinen *Geom. Abhandlungen* (1790/91) zu erwähnen, wenn er auch immer noch den Sinus totus mitschleppte. In der Form mangelhaft ist auch der Aufbau der sphärischen Trigonometrie, den J. P. DE GUA in den Mém. Ac. Paris 1783 (1786) gab; aber in einer Arbeit über sphärische Flächen desselben Bandes leitete er folgende Regel für den sphärischen Exzeß ab: $\operatorname{ctg}\frac{\varepsilon}{2} = \operatorname{ctg}\frac{c}{2}\operatorname{ctg}\frac{a}{2}\operatorname{cosec}\beta + \operatorname{ctg} B$ und dazu eine ähnliche für den Fall der drei Seiten, die aber schon bei EULER (Act. Ac. Petr. 1778 II (1781)) zu finden ist. LAGRANGE förderte die Trigonometrie durch die Einführung von Reihen zur direkten Auflösung der Formeln, was besonders für die praktischen Zwecke der Astronomie und Geodäsie von Wichtigkeit war. In den Mém. Ac. Berl. 1776 (1779) gab LAGRANGE z. B. für die goniometrische Gleichung $\operatorname{tg} x = m \operatorname{tg} y$ unter Benutzung des Imaginären die Lösung

$$x = y - \frac{1-m}{1+m}\sin 2y + \tfrac{1}{2}\left(\frac{1-m}{1+m}\right)^2 \sin 4y - \tfrac{1}{3}\left(\frac{1-m}{1+m}\right)^3 \sin 6y + \cdots$$

Diese Gleichung brachte er mit Formeln für das rechtwinklige Dreieck, wie auch mit den NEPERschen Analogien in Übereinstimmung. Ähnliche Reihenentwicklungen finden sich übrigens schon bei LAMBERT 1777 (veröff. in Bodes Astr. Jahrb. 1780) und später bei DELAMBRE (*Méthodes analytiques pour la détermination d'un arc du méridien*, Paris, an VII (1798/99)).

Ein vortreffliches Buch, das für die romanischen Länder ungefähr dasselbe bedeutet, wie das von KLÜGEL (s. S. 151) für die germanischen, ist die 1786 zum erstenmal erschienene *Trigonometria piana e sferica* (ital. u. frz., Paris) von CAGNOLI. CAGNOLI rechnete freilich noch immer mit trigonometrischen Linien, nahm aber doch den Radius gleich 1 und wenn er auch die EULERsche Dreiecksbezeichnung nicht annahm, so schloß er sich sonst durchaus an EULER an und stellte sein ganzes Werk auf analytische Grundlage. Trotzdem in dieser Richtung schon vieles geleistet war, gelang es ihm immerhin, in mehreren Punkten Verbesserungen anzubringen. Zu erwähnen ist seine Logarithmierbarmachung des ebenen (nach MAYERS Verfahren; s. S. 153) und sphärischen Kosinussatzes (letzteres in Mem. Soc. Ital. 1794) mittels eines Hilfswinkels, die Aufstellung neuer Formeln für rechtwinkelige sphärische Dreiecke zum Zwecke genauerer Berechnung, die Ableitung von eleganten Formeln für den Zusammenhang der Elemente eines sphärischen Dreiecks mit denen des zugehörigen Sehnendreiecks. Die Lösung der Gleichung $a \cos A + b \sin A = n$ durch die Substitutionen $a = m \cos B$, $b = m \sin B$ gab CAGNOLI wohl unabhängig von KÄSTNER (*Astr. Abh.* 1772). Die wichtige Beziehung $\sin c \sin a + \cos c \cos a \cos B = \sin A \sin C - \cos A \cos C \cos b$ zwischen den sechs Stücken eines sphärischen Dreiecks fügte er erst in der 2. Auflage (1808) der *Trigonometria* bei, ebenso wie einen Beweis für die schon bei KLÜGEL erwähnte Reihensumme mit Ausdehnung auf Summen n^{ter} Potenzen solcher Funktionen.

Im Gegensatz zu CAGNOLI hat S. F. LACROIX in seinem *Traité élém. de trigon. rectiligne et sphérique* etc. (Paris, an VII (1798/99)) zwar die EULERsche Bezeichnung eingeführt, aber fast überall R in den Formeln stehen lassen (noch in der 8. Aufl. 1827; vgl. o. S. 42/43[1]). Von einer anderen Grundlage ausgehend und ohne Kenntnis von LEXELLS Arbeiten hat S. LHUILIER seine *Polygonométrie* etc. (Paris 1789) herausgegeben. Er drückte zuerst den Polygonsinhalt auf $n$fache Weise aus und erhielt dadurch grundlegende Beziehungen zwischen den Seiten und Winkeln. Außerdem kam er aber auch, wieder unter Benützung des Flächeninhalts, auf zwei andere Formeln, die sich mit LEXELLS Projektionsformeln decken. Seine Sätze wandte LHUILIER an zur Auflösung der Polygone 1. aus $n-1$ Seiten und $n-2$ Winkeln, 2. aus den Winkeln und $n-2$ Seiten, 3. aus den Seiten und $n-3$ Winkeln. In einer Abhandlung von 1799 (veröff. Mém. Inst. Paris 1805) dehnte LHUILIER seine Ergebnisse auf Raumpolygone aus und stellte den Hauptsatz der Polyedrometrie auf, daß jede Seitenfläche gleich ist der Summe der Produkte jeder anderen mit dem jeweiligen Kosinus des Winkels, den sie mit der ersten bildet. Die näheren Bedingungen für die Richtigkeit des Satzes fehlen freilich noch.

Der Satz von der Fläche des sphärischen Dreiecks[2]) wurde nach einer eigenhändigen Notiz von HARRIOT i. J.

---

[1]) Deutsche Übersetzung von E. M. HAHN, Berlin 1805.

[2]) Schon REGIOMONTAN stellte eine solche Aufgabe (Brief an CHR. RODER vom 4. VII. 1471).

1603 gefunden und später zu dem Satz über die Polygonsfläche erweitert. Veröffentlicht wurde der Satz zuerst von GIRARD in der *Invention nouv. en l'algèbre* (Amst. 1629) und CAVALIERI in seinem *Directorium generale* (Bologna 1632; vgl. I, 380). Da diese Bücher ziemlich weit verbreitet waren und der Satz außerdem von CAVALIERI in seiner *Trigonometria* (1643) wiederholt wurde, ist es nicht wahrscheinlich, daß ROBERVAL, der 1655 brieflich die Priorität dafür beanspruchte, ihn gar nicht vorher gekannt hatte. Die Flächenformel für das n-Eck wurde auch von JAN BROŹEK (BROSCIUS) in seiner *Apologia pro Aristotele et Euclide usw.* (Dantisci 1652) angegeben. CASWELL (vgl. S. 130) setzte den sphärischen Exzeß beim Dreieck gleich E, den Umfang eines Hauptkreises der Kugel vom Radius R (Oberfläche G) gleich π, so daß er die einfache Form erhielt

$$2\pi\triangle = EG = 2R\pi E, \quad \text{also} \quad \triangle = RE.$$

Die neu erfundene Infinitesimalrechnung hat JAK. BERNOULLI 1691 in den Act. Erud. benutzt, um die Fläche des sphärischen Dreiecks zu bestimmen. EULER leistete dasselbe dann in einfacherer Weise in seinem ersten Aufsatz über sphärische Trigonometrie (vgl. S. 146). Später veröffentlichte er noch zwei eigene Abhandlungen (Act. Ac. Petr. 1778 (1781) und Nov. Act. Ac. Petr. 1792 (1797)) über die Inhaltsberechnung sphärischer Polygone, aus deren zweiter wir die Formel

$$\cos\frac{S}{2} = \frac{1+\cos a+\cos b+\cos c}{4\cos\frac{a}{2}\cos\frac{b}{2}\cos\frac{c}{2}}$$

für den sphärischen Exzeß S hervorheben. Erst LEXELL gab eine logarithmierbare Formel

$$\cos\frac{1}{2}(A+B+C) = -\frac{d}{4\cos\frac{a}{2}\cos\frac{b}{2}\cos\frac{c}{2}}$$

(vgl. S. 153), aus der ja eine entsprechende für den sphärischen Exzeß sofort hervorgeht. Von LHUILIER stammt nach LEGENDRES Angabe (*Éléments de Géométrie*, 1. Aufl.

Paris 1794) die nicht weniger elegante Formel für den sphärischen Exzeß selbst

$$\operatorname{tg}\frac{\varepsilon}{4} = \sqrt{\operatorname{tg}\frac{s}{2}\operatorname{tg}\frac{s-a}{2}\operatorname{tg}\frac{s-b}{2}\operatorname{tg}\frac{s-c}{2}}\,.$$

2. Tafeln. Differentialtrigonometrie.

In der zweiten Hälfte des 18. Jahrhunderts waren natürlich vielfach auch die schon vor 1750 herausgegebenen Tafelwerke in Gebrauch, insbesondere das von GARDINER (s. S. 138). Dieses Werk erfuhr durch E. PEZENAS eine Neuausgabe (7 stellig; Avignon 1770), worin die Rechnungen von G. MOUTON (vgl. II1, 229) teilweise verwertet wurden. Viele Auflagen erlebten auch die in kleinem Format erschienenen *Tables de logarithmes etc.* von LA CAILLE und LALANDE (Paris 1760). U. a. enthielt diese Tafelsammlung eine Tabelle der Sinus von 3 zu 3 Grad in algebraischen Ausdrücken, zur Ermöglichung genauer Rechnungen (Erläuterung im II. Bd. der *Beyträge* LAMBERTS (S. 151) und bei CAGNOLI (S. 154)), eine Tafel der Kreisbogen auf 27 Dezimalen, der Sinus und Kosinus für sehr kleine Winkel und eine Tafel für die Interpolation. LAMBERT beschäftigte sich auch mit der Aufstellung einer Tafel von Sinus mit rationalen Zahlenwerten. Eine solche, aber fehlerhafte, Tafel wurde, nach seiner Methode berechnet, dann in der im übrigen sehr verdienstvollen zweibändigen *Neuen und erweiterten Sammlung log. trig. u. a. Tafeln* (auch frz. Titel *Recueil de tables* etc.) seines Schüles J. K. SCHULZE (Berlin 1778) veröffentlicht.

Die größte Verbreitung aber erlangten die bis zum heutigen Tag in Gebrauch befindlichen Tafeln von G. v. VEGA. Zuerst gab VEGA die 7 stelligen *Logar., trigon. u. andere... Tafeln und Formeln* heraus (Wien 1783), denen ein Verzeichnis der Fehler bei SCHULZE, GARDINER-PEZENAS, VLACQ und PITISCUS vorausging. 1793 erschien sein *Log.-trig. Handbuch*, 1794 zu Leipzig das bedeutende, in den Haupttafeln 10 stellige Foliowerk *Thesaurus logarithmorum completus*, das er selbst als Neuausgabe von VLACQS Tafeln bezeichnete. Noch besser als diese Sammlung aber war jene, ebenfalls heute noch benützte, von F. CALLET, die in Oktavformat 1795 unter dem Titel erschien *Tables portatives de Logarithmes.* Eine Einleitung von 118 Seiten gibt Aufschluß über die Berechnungsmethode der zum Teil 15- und 20stelligen Tafeln, die auch die Hundertteilung des Quadranten in Rücksicht zogen. Aus England sind die erste 6stellige Tafel von S. DUNN (*Tables of correct . . . logarithms*, London 1784), besonders aber die vielfach aufgelegten *Math. Tables* von CH. HUTTON (1. Aufl. 1785) mit ihrer trefflichen Geschichte der Logarithmen und das bedeutende 3bändige Werk von M. TAYLOR (*Tables of Logarithms*, London 1792), das im dritten Band die 7stelligen Logarithmen der trigonometrischen Funktionen von Sekunde zu Sekunde (allein an 3½ Millionen Ziffern) enthält, zu erwähnen.

Nach der großen Revolution, die Frankreich u. a. i. J. 1791 das metrische Maßsystem gebracht hatte, suchte man dort auch ernstlich die Dezimalteilung des Winkels durchzuführen, und unter dem Vorsitz von R. DE PRONY und der Leitung hervorragender Mathematiker, wie DELAMBRE, LAGRANGE und LEGENDRE, unternahm man es, ein ungeheures Tafelwerk auf dieser Grundlage zu berechnen, das auch wirklich fertiggestellt wurde und handschriftlich 17 Foliobände umfaßt. Es wurde aber, teils aus finanziellen Gründen, teils weil die Dezimalteilung doch nicht Wurzel faßte, nicht veröffentlicht. Das Werk enthält u. a. die natürlichen Sinus für die 10000-Teile des Quadranten auf 25 Dezimalen und die Logarithmen von Sinus und Tangens der 100000-Teile des Quadranten auf 14 Dezimalen, alles mit einem großen interpolatorischen Apparat. Kleinere Tafeln dieser Art, wie die von BORDA *Tables trig. déc. . . , revues . . . et publiées p.* J. B. J. DELAMBRE (Paris, an IX (1800/01)), und die *Nouvelles Tables trig.* von J. PH. HOBERT und CHR. LUDW. IDELER (Berlin 1799; auch dtsch. Titel) erschienen übrigens bald im Druck und waren auch nicht unnötig, da manche Verfasser, z. B. LEGENDRE in seinen *Éléments de géom.* (1. Aufl. Paris 1794), die Hundertteilung des Quadranten zugrunde legten.

Daß COTES die grundlegenden Formeln der Differentialtrigonometrie angab (veröff. 1722), haben wir schon im vorigen Teilband (S. 171) erwähnt. In den Mém. Ac. Paris 1741 (1744) stellte DE LA CAILLE ähnlich wie COTES zum Gebrauche der Astronomen 24 Differentialformeln für sphärische Dreiecke mit 2 fest gegebenen Stücken zusammen. Auch Klügel und Cagnoli befaßten sich in ihren Lehrbüchern (s. S. 151 u. S. 154) eingehend mit diesem Gegenstand. Aber erst Boscovich gelang es (*Opera* IV, 1785) aus den vielen möglichen Beziehungen besonders der sphärischen Trigonometrie die Hauptgleichungen herauszuschälen, deren er vier angab, die heute noch in derselben Form als »Fehlergleichungen« verwendet werden. Die erste derselben lautet

$$da = db \cos C + dc \cos B + dA \sin B \sin c.$$

In einer ähnlichen Richtung liegen die Bestrebungen, Rechnungen oder Formeln zu verschärfen, in denen Sinus von Winkeln nahe bei 90° oder Kosinus von sehr kleinen Winkeln vorkommen. I. Lyons gab in den Phil. Trans. von 1775 ein derartiges Näherungsverfahren an für sphärische Dreiecke, das der Newtonschen Methode für algebraische Gleichungen verwandt ist. Lambert (in Bodes Astr. Jahrb. 1778 (1776)) und Cagnoli in seiner *Trigonometria* (s. o. S. 154) ersetzten in solchen Fällen die unscharfen Formeln durch andere, in denen vielfach halbe Winkel auftreten, wie ja auch schon die eigentlichen sog. Halbwinkelformeln demselben Zwecke dienen können. Auch Reihen wandte Lambert an zur Berechnung der Funktionen kleiner Winkel. Mit Hilfe von Reihen stellte wohl auch N. Maskelyne seine Näherungsformeln $\sin x = x (\cos x)^{\frac{1}{3}}$ und $\operatorname{tg} x = x/(\cos x)^{\frac{2}{3}}$ auf, die er ohne Beweis in der Einleitung zu der oben (S. 158) angeführten Logarithmentafel von M. Taylor mitteilte. Eine Begründung gab erst J. G. Tralles i. J. 1804 (Abh. Ak. Berl. 1804/11). In Callets Tafel (1795, s. S. 157) sind die Formeln zum erstenmal praktisch verwertet. Mit dem Fehler, den man begeht, wenn man sphärische Dreiecke mit kleinen spitzen Winkeln durch ebene ersetzt, beschäftigte sich schon J. J. Lalande (Mém. Ac. Paris 1763 (1766)). Von weit größerer praktischer Bedeutung aber wurde eine Untersuchung von Legendre über trigonometrische Vermessungen auf der Erdkugel (Mém. Ac. Paris 1787 (1789)). Er stellte dabei u. a. den nach ihm benannten, aber schon früher in der Praxis verwendeten Satz auf, daß man ein sphärisches Dreieck, dessen Seiten im Verhältnis zum Kugelradius sehr klein sind, so daß der sphärische Exzeß nur einige Grade beträgt, wie ein ebenes (mit denselben Seiten) berechnen darf, wenn man nur von seinen Winkeln je ein Drittel des sphärischen Exzesses abzieht. Einen Beweis gab LEGENDRE selbst in der Einleitung zu DELAMBRES *Méthodes anal. pour la détermination d'un arc du méridien* (Paris 1799, Note III), LAGRANGE im Journ. Éc. Polyt. 1798/99. Damit leistete LEGENDRE gleichzeitig einen wichtigen Beitrag zur Trigonometrie auf dem Sphäroid (vgl. o. S. 148). Diese erhielt ja 1791 durch Einführung des Metermaßes eine erhöhte Bedeutung, und noch 1806 förderte LEGENDRE diese Theorie in einem Aufsatz der Mém. Inst. Paris.

3. Das trigonometrische Lehrgebäude am Ende des 18. Jahrhunderts.

Der Schilderung der eigentlichen Fortschritte wollen wir noch einen kurzen Überblick anschließen über die Form, die das System der Trigonometrie allmählich in den Lehrbüchern angenommen hatte. Wir wiesen mehrfach darauf hin, daß außer KLÜGEL alle anderen Verfasser noch den Radius r als Sinus totus mitführten, wenn auch zum Teil nur dem immer noch vorhandenen Bedürfnis nach Homogeneität entsprechend. Nur zur Vereinfachung der Formeln wurde vielfach $r=1$ gesetzt. Auch die Vorzeichenbestimmung von Strecken war noch keineswegs von der Mehrzahl der Mathematiker erfaßt worden, so daß, wie wir öfters hervorhoben, die Zeichen für Funktionen von Winkeln über 90^0 erst dann sicher bestimmt wurden, als man sie auf die goniometrischen Formeln stützte, wobei für Tangens besonders die Proportion $\operatorname{tg}\alpha : r = \sin\alpha : \cos\alpha$ wichtig war. Diese Proportionsform, samt dem Radius r, pflanzte sich auch in anderen Gleichungen vielfach bis ins 19. Jahrhundert fort. Doch hatte sich wenigstens die EULERsche Bezeichnung der Funktionen fast durchweg Bahn gebrochen. Die Funktionen negativer Argumente wurden in den größeren Büchern, wie LEGENDRES *Él. de géom.* (1. Aufl. Paris 1794), in KARSTENS Werken *Mathesis theoretica* (Rostock 1760) und *Lehrbegriff d. ges. Math.*

(2. Teil, 2. Aufl. Greifswald 1786) richtig behandelt, wozu schon EULER (1748) in der *Introductio* den Anstoß gegeben hatte.

Die goniometrischen Formeln wurden vielfach noch jede für sich, und zwar geometrisch, abgeleitet. LEGENDRE und CAGNOLI entwickelten allerdings die Hauptformeln aus dem Additionstheorem; aber nur KLÜGEL sprach die grundlegende Stellung dieses Satzes deutlich aus (vgl. o. S. 151). Das Additionstheorem selbst auch für Winkel über 90° zu begründen, hielt nur LEGENDRE für nötig. Außer KLÜGEL (s. S. 152) hatte auch CAGNOLI (s. S. 154) die »höhere Trigonometrie« in sein Werk aufgenommen. Dasselbe tat KARSTEN, A. R. MAUDUIT in seinen *Principes de l'Astronomie sphérique* etc. (Paris 1765) und in besonders starkem Umfang L. BERTRAND im 2. Bd. seines Werkes *Développement nouveau de la partie élem. d. math.* (Genf 1778).

Die Eckenbezeichnung EULERS übernahmen nur KLÜGEL und KÄSTNER in den späteren Auflagen der *Anfangsgründe der ebenen und sphärischen Trigonometrie* (z. B. 6. Aufl. 1800). Bei den anderen Verfassern waren die Formeln durch das Fehlen einer einheitlichen Bezeichnung unnötigerweise beschwert. Das vollständigste Formelsystem für das ebene Dreieck, mit Einschluß der sog. MOLLWEIDEschen Gleichungen (s. S. 142), ganz in unserer Ableitungsweise, findet sich bei CAGNOLI. Merkwürdigerweise erhielt die Berechnung des ebenen rechtwinkligen Dreiecks, eben wegen der Beibehaltung des Sinus totus, erst im 19. Jahrhundert die moderne, einfache Form.

Die sphärische Trigonometrie wurde in den Lehrbüchern fast durchweg analytisch behandelt. Eine Ausnahme bildet die *Trigonométrie sphérique* (Paris 1757) von S. VALETTE, der sich an BOSCOVICHS *Trigonometriae sphericae constructio* (Rom 1737; s. o. S. 140) anschloß, alles schon im Analemma des PTOLEMÄUS (vgl. I, 131) Enthaltene wieder auffand und die ganze Sphärik graphisch entwickelte. In allen übrigen Büchern wurden auch nach EULERS zweitem Aufsatz (vgl. S. 148) zuerst alle Formeln für das rechtwinklige Dreieck aufgestellt, und dann wurde das schiefwinklige Dreieck für sich behandelt, indem man es durch eine Höhe in zwei rechtwinklige zerlegte. Die Anwendung der Sätze auf die Teildreiecke gab nach Elimination der Höhe ein System von fünf Gleichungen, das sich schon in SEGNERS *Elementa Arithmeticae et Geometriae* (Göttingen 1739) findet und in alle späteren Lehrbücher überging. Viele der meist gelesenen Verfasser begnügten sich mit dieser Behandlung. Außer bei KLÜGEL und CAGNOLI finden sich die allgemeinen Sätze für das schiefwinklige Dreieck auch bei MAUDUIT und in LALANDES *Astronomie* (III. Bd. 1792). CAGNOLI und MAUDUIT haben auch die NEPERschen Analogien, die sonst selten in den Lehrbüchern verwendet wurden. Das Polardreieck, das doch schon seit VIETA bekannt war (I, 400), wurde auch keineswegs allgemein benutzt. Öfters aber wurden aus den Formeln für das sphärische Dreieck, indem man den Radius der Kugel unendlich groß werden ließ, die Formeln für das ebene Dreieck abgeleitet. So gewann z. B. MAUDUIT aus den NEPERschen Analogien die sog. MOLLWEIDEschen Gleichungen.

Wir wollen zum Schlusse noch zusammenfassend die Versuche betrachten, die gemacht wurden, um das ganze trigonometrische Lehrgebäude auf eine möglichst einfache Grundlage zu stellen. Schon KÄSTNER hatte in späteren Auflagen der *Anfangsgründe* (z. B. 3. Aufl. 1774) die Hauptformeln der ebenen Trigonometrie aus dem Sinussatz (mit $A+B+C=180^0$) abgeleitet, und noch früher hatte OPPEL gezeigt (vgl. S. 142), daß man mittels des sphärischen Sinus- und Kosinussatzes alle übrigen Formeln der sphärischen Trigonometrie erhalten könne. F. C. MAIER hatte ferner schon (s. S. 142) die Möglichkeit erwähnt, letzteres mittels des Kosinussatzes allein zu leisten. Aber erst DE GUA führte das in einem Aufsatze der Mém. Ac. Paris 1783 (1786) wirklich aus, indem er den sphärischen Kosinussatz nach $\cos A$ auflöste, hieraus

$$\sin A = \sqrt{1-\cos^2 a-\cos^2 b-\cos^2 c+2\cos a\cos b\cos c}/\sin b\,\sin c\,[1]$$

errechnete, wodurch er ohne weiteres den Sinussatz erhielt. Die anderen Sätze leitete er allerdings in sehr umständlicher Weise ab, und seine Abhandlung ist um so schwieriger lesbar, als er dabei auch eine ganz neue, schwerfällige Begleichungsweise benutzte.

[1]) Die Formel kommt schon vor bei L. BERTRAND, *Développement nouveau de la partie élémentaire des math.*, Bd. II (Genève 1778).

Kurz sei erwähnt, daß in einer Abhandlung, die 1796 eingereicht wurde (veröff. Nov. Act. Ac. Petr. 1794 (1801)), FR. THEOD. v. SCHUBERT einen ähnlichen Versuch unternahm. Er wollte die ganze sphärische Trigonometrie auf den Satz des MENELAUS (I, 127) gründen. Dieses Ziel konnte er aber auch nur mittels sehr umfangreicher Rechnungen erreichen.

Es war LAGRANGE, der, indem er ebenso wie DE GUA begann (Journ. Éc. Polyt. 1798/99), durch wesentlich geschicktere Handhabung der Formeln die Ableitung der übrigen Gleichungen auf die moderne Form brachte. Er verschaffte sich zunächst die EULERsche Beziehung

$$\cos a \sin b = \cos b \sin a \cos C + \sin c \cos A$$

und gewann aus dieser, indem er noch die entsprechende Formel

$$\cos b \sin a = \cos a \sin b \cos C + \sin c \cos B$$

dazu nahm, hieraus $\cos b \sin a$ in die erstere einsetzte und noch den Sinussatz für b, c benützte, den Kosinussatz für die Winkel. In ähnlich einfacher Weise leitete er auch die Kotangentenregel ab. LAGRANGE betont, daß mit diesen vier Formeln sich jede Aufgabe lösen lasse, leitet aber auch, unter ständiger Benutzung des Polardreiecks, alle übrigen uns bereits bekannten Gleichungen ab. Diese Abhandlung bildet eine würdige Bekrönung der trigonometrischen Leistungen an der Schwelle des 19. Jahrhunderts.

NEUNTES KAPITEL.

ELEMENTARGEOMETRIE.

§ 1. Klassikerausgaben und Wörterbücher.

Die Elementargeometrie hat als Wissenschaft in dem von uns zu betrachtenden Zeitraum keine wesentlichen Fortschritte gemacht, und erst gegen den Schluß des 18. Jahrhunderts tritt ein neuer Gesichtspunkt auf. Desto größer ist allerdings die Wirkung in die Breite, die sie in dieser Zeit nahm, einerseits, indem durch vollständige Ausgaben und Übersetzungen der alten griechischen Klassiker die Kenntnis des früher schon Erarbeiteten in weitere Kreise drang, andrerseits, da später auf Grund dieser Klassiker neue, methodisch verbesserte, Lehrbücher erschienen, die dem immer ausgedehnteren Unterricht in diesem Fache untergelegt wurden. Dazu kommen dann allerdings noch zahlreiche Einzeluntersuchungen, die zum Teil Neues brachten, zum Teil aber auch in Beweisen und Aufgaben bestanden, wie sie jetzt in unseren höheren Schulen allgemein üblich sind.

Von den Klassikerausgaben können wir natürlich nur einige wichtigere erwähnen. Dazu gehört die Bearbeitung der ebenen Örter des APOLLONIUS durch FERMAT, weil diese eine Vorstufe seiner analytischen Geometrie bildete. Auch die Porismen EUKLIDS suchte FERMAT wiederherzustellen. Beide Schriften kamen aber erst nach FERMATS Tode in den *Varia Opera* (Tolosae 1679) zum Druck. Das 3. Buch der ebenen Örter des APOLLONIUS fand eine weitere Behandlung in F. VAN SCHOOTENS *Exercitationes mathematicae* (Lugd. Bat. 1656/57). In England gab um dieselbe Zeit I. BARROW EUKLIDS Elemente (Cambridge

1655) und bald darauf die Daten (Cambridge 1657) heraus. Die ersteren waren dort bis anfangs des 18. Jahrhunderts vielfach im Gebrauch. Einen *Deutschen Archimed* veröffentlichte 1670 in Nürnberg J. Chr. Sturm (1667 schon die *Sandeszahl*). In Italien erschienen 1690, zu Florenz die Elemente des Euklid von V. Viviani. Einen Plan zur Herausgabe aller Klassiker faßte der Engländer E. Bernard, aber erst David Gregory brachte i. J. 1703 zu Oxford wenigstens eine Ausgabe aller Werke des Euklid griechisch und lateinisch heraus.

Ein erfolgreicher Bearbeiter griechischer Mathematik war später R. Simson. Im Jahre 1749 veröffentlichte er zu Glasgow eine Wiederherstellung der ebenen Örter des Apollonius, i. J. 1756 ebenfalls zu Glasgow eine englische Übersetzung der Elemente Euklids mit vielen Zusätzen und kritischen Bemerkungen (vgl. I, 373), die acht Auflagen erlebte. Er hinterließ noch eine Wiederherstellung des *Bestimmten Schnittes* des Apollonius und eine größere Arbeit über Euklids Porismen. Beide kamen erst in seinen *Opera* (Glasgow 1776) zum Druck (über die Porismen vgl. auch Phil. Trans. 1723).

Hier darf auch der mathematischen Wörterbücher gedacht werden, die in der zweiten Hälfte des 17. Jahrhunderts aufkamen. Fast rein astronomisch-astrologisch ist allerdings die erste Auflage des *Lexicon mathematicum, astronomicum et geometricum* von Geron. Vitale (Paris 1668; neue wesentlich erweiterte Auflage Rom 1690), und auch J. Moxon (London 1680) und J. Ozanam (Paris 1690) erklärten im allgemeinen nur mathematische Ausdrücke. Etwas Literatur gibt daneben noch an Chr. von Wolff in seinem *Mathematischen Lexicon* (Leipzig 1716; 2. Aufl. 1734 ohne Mitwirkung des Verfassers). In England gab E. Stone (London 1726) *A new Mathematical Dictionary* heraus, in Frankreich A. Savérien (Paris 1753) ein *Dictionnaire universel de math. et de phys.*, J. Lacombe ein Werk mit ähnlichem Titel (Paris 1792). Für England ist noch Ch. Huttons *A Math. and Philos. Dictionary* (London 1795/96; 2. Aufl. 1815) zu erwähnen.

Auch in den allgemeinen Enzyklopädien wie in der *Cyclopaedia* von E. Chambers (2 Bde. fol. London 1728; weitere Aufl. in 4 Bd. 1781—1786 und in 5 Bd. 1788—1791) und besonders in der großen von D. DIDEROT unter der Mitwirkung von JEAN LE ROND D'ALEMBERT herausgegebenen *Encyclopédie*, die 1751—1780 in 35 Bänden erschien und mehrfach nachgedruckt wurde, kam die Mathematik zu Wort. Der mathematische Inhalt der letzteren wurde in der *Encyclopédie méthodique par ordre des matières*, Abtlg. Mathématiques (Paris 1784/89) vereinigt. Dort sind über viele Begriffe auch grundsätzlich wichtige Erläuterungen abgegeben. In Deutschland ist das von G. S. KLÜGEL in Verbindung mit anderen herausgegebene Werk *Encyclopädie oder zusammenhängender Vortrag der gemeinnützigsten Kenntnisse* (Berlin 1782—1784) als Vorläufer von KLÜGELS großem *Mathematischem Wörterbuch*, das i. J. 1803 zu erscheinen begann, zu betrachten.

§ 2. Lehrbücher.

Was die Lehrbücher der Elementargeometrie betrifft, so ist Frankreich das Land, das sich in dieser Hinsicht am ehesten von EUKLID loslöste, gegen dessen Reihenfolge der Sätze sich schon PETRUS RAMUS in seinen *Scholae mathematicae* (Basel 1569; vgl. I, 331) gewandt hatte. Da aber alles, was aus dieser fortschreitenden EUKLID-Kritik hervorging, doch meist nur in pädagogischer Hinsicht Änderungen brachte, genügt es uns hier, auf einige Haupterscheinungen aufmerksam zu machen.

In Frankreich erschienen Lehrbücher der Elementargeometrie von A. ARNAULD (Paris 1667), G. PARDIES (Paris 1671) und B. LAMY (Paris 1685; 4. Aufl. 1710), von P. VARIGNON (1731; † 1722), von A. CL. CLAIRAUT (Paris 1741) und DE LA CHAPELLE (1746). L. BERTRAND behandelte im zweiten Band seines *Développement nouveau de la partie élém. des math.* (Genf 1778) die Elemente der Geometrie in eigenartiger Anordnung und von ihm beeinflußt S. F. LACROIX im 3. Bande seines 7bändigen *Cours de Mathématiques à l'usage de l'École centrale des Quatre-Nations* (Paris 1796—99; 25. Aufl. 1897). Obgleich von geringer innerer Folgerichtigkeit, erlangte auch BÉZOUTS 6bändiger *Cours de Mathématiques* (1764—69; neu aufgelegt bis 1848), dessen 6. Band die Geometrie enthielt, große Verbreitung, auch im Ausland. Den größten Ruf erwarben sich aber, wegen der in ihnen angewandten Strenge, die *Élements de géométrie* von A. M. LEGENDRE (1. Auflage Paris 1794).

Suchten die französischen Elementarbücher der Geometrie meist, in Übereinstimmung mit den Gesichtspunkten, die D'ALEMBERT in der *Encyclopédie* ausführlich erörterte, das Euklidische System zu verbessern, so waren die deutschen Darstellungen, die in den schon auf S. 41 erwähnten Sammelwerken erschienen, vor allem auf das Praktische gerichtet und gaben theoretische Erläuterungen nur insoweit, als es das Verständnis des Zusammenhanges der Sätze nötig machte. Besonders sei nur hingewiesen auf den 2. Teil der *Anfangsgründe* von A. G. KÄSTNER (Göttingen 1758; 6. Aufl. 1800) und den *Lehrbegriff* (Greifswald 1767—77; 2. Aufl. 1782/91) W. J. G. KARSTENS. Eine Sonderstellung nehmen desselben noch lateinisch geschriebenen *Elementa matheseos universalis* (Rostock 1756) ein.

Aus anderen Ländern heben wir hervor die auch ins Deutsche übersetzten und viel benutzten *Grondbeginsels der meetkunde* von J. H. VAN SWINDEN (Amsterdam 1790) und S. GURJEWS *Versuch einer Vervollkommnung der Elemente der Geometrie* (russ., St. Petersburg 1798), dem 1811 *Grundlagen der Geometrie* folgten. GURJEW war wie LACROIX besonders darauf bedacht, die Teile der Elementargeometrie zu verbessern, in denen das Unendlichkleine verwendet werden muß.

Neben diesen und anderen Lehrbüchern, die doch, auch wenn sie praktisch gerichtet waren, theoretische Ziele verfolgten, wurden die Hauptsätze der elementaren Geometrie in weiteren Kreisen durch zahlreiche Werke des 17. und 18. Jahrhunderts verbreitet, die lediglich „praktische Geometrie“ lehren wollten und dies auch im Titel schon zum Ausdruck brachten. Darunter verstand man die Meßkunst im weitesten Sinne, also die Lehre von den Maßen, deren Anwendung auf das Ausmessen von Feldern, Korn- und Holzhaufen, Fässern usw., in höher stehenden auch auf die Höhe von Türmen, die Tiefe von Brunnen und ähnliches mehr. Auch die für Künstler bestimmten Lehrbücher der Perspektive hatten immer eine wenn auch nur notdürftige geometrische Einleitung. Wissenschaftliche Fortschritte sind in diesen Büchern freilich nicht zu finden.

§ 3. Elementare Einzeluntersuchungen.

Wie schon erwähnt, bezogen sich die Einzeluntersuchungen, die im 17. und 18. Jahrhundert in der elementaren Geometrie gemacht wurden, häufig auf ganz einfache Dinge. Wir können daher hier nur solche Arbeiten erwähnen, die Sätze brachten, welche gegenüber dem Altertum neu waren. Da ist aus der Schrift *De maximis et minimis* (um 1640) von E. TORRICELLI zu erwähnen, daß in ihr der Punkt zum erstenmal auftritt, der die Mindestsumme der Entfernungen von den Ecken hat. Ferner müssen wir GIOVANNI CEVAS *De lineis rectis se invicem secantibus statica constructio* (Mailand 1678) nennen, worin durch Schwerpunktsbetrachtungen sowohl der vom Verfasser wohl für neu angesehene Satz des MENELAUS (vgl. I, 127), als auch der heute noch nach CEVA benannte Satz bewiesen wurde. Noch heute steht auch in den Schulbüchern die sehr stark angenäherte Kreisrektifikation von A. A. KOCHANSKY (Act. Erud. 1685). Auch die von C. RENALDINI in seiner Schrift *De resolutione et compositione mathematica* (Patavii 1668) veröffentlichte, für jedes n gültige angenäherte Kreisteilung, die allerdings auf A. DE VILLE (1628) zurückgeht und von A. BOSSE schon 1665 in die RENALDINIsche Form gebracht worden war, ist da und dort zu finden. Die Aufgabe, einen Würfel durch einen ihm gleichen durchzustecken, kam damals, wie es scheint, durch Prinz RUPRECHT von der Pfalz († 1682) auf und wurde außer von diesem selbst u. a. von WALLIS (*Opera* II, 1693) gelöst. In dem Büchlein von PARDIES (s. S. 166) wurde bis jetzt der Satz von der Summe der Möndchen über den Katheten eines rechtwinkeligen Dreiecks seit IBN ALHAIṮAM (10./11. Jahrh.) zum erstenmal im Abendlande gefunden. PARDIES schreibt ihn aber schon fälschlich dem HIPPOKRATES VON CHIOS zu. HIPPOKRATES selbst hatte drei einzelne Möndchen quadriert (vgl. II₁, 243). DANIEL BERNOULLI (*Exerc. math.*, Venetiis 1724) leitete die Bedingung her, der alle algebraisch quadrierbaren Möndchen genügen müssen und fügte eine Gleichung hinzu, die sofort ein viertes quadrierbares Möndchen gäbe. G. CRAMER (Mém. Ac. Berl. 1748 (1750)) stellte eine allgemeine Gleichung für solche Möndchen auf und bildete die daraus entstehenden Gleichungen für die einfachsten Sonderfälle. Doch waren diese so verwickelt, daß er nur die drei schon von HIPPOKRATES bekannten Möndchen finden konnte. Die bis jetzt bekannten fünf quadrierbaren Kreismöndchen gab zum erstenmale an M. J. WALLENIUS (*Diss. gradualis lunulas quasdam circulares quadrabiles exhibens*, Aboae 1766) und dann wieder L. EULER (Nov. Comm. Petr. 1771 (1772)). In der Abhandlung *Solutio tergemini problematis* etc. (Basel 1687) von JAK. BERNOULLI kommt eine Lösung des sog. MALFATTIschen Problems vor, für den Fall eines gleichschenkeligen Dreiecks.

Aus der räumlichen Geometrie ist vor allem DESCARTES' Entdeckung des sog. EULERschen Polyedersatzes zu erwähnen (um 1620, veröff. *Œuvres* X). DESCARTES' Entdeckung war noch LEIBNIZ bekannt, geriet aber in Vergessenheit. EULER stellte den Satz in den Nov. Comm. Petrop. 1752/53 (1758) als neu auf und lieferte in der darauf folgenden Abhandlung desselben Bandes einen Beweis nach. FERMAT sei genannt, weil er das sog. Apollonische Berührungsproblem auf vier Kugeln ausdehnte (um 1636?). Später behandelte dieses Problem unter Hinweis auf FERMAT mit Heranziehung der sphärischen Trigonometrie EULER (Mém. Ac. St.-Pét. 1807/08 (1810); vorgel. 1779). Vom sog. räumlichen Pythagoreischen Lehrsatz haben wir schon auf S. 52 dieses Bandes gesprochen.

Mehr philosophischer Art und heute nur noch von historischem Interesse sind die Erörterungen über den Kontingenzwinkel, die auch im Mittelalter nie ganz geruht hatten und in unserer Periode durch CHR. CLAVIUS in seiner EUKLIDausgabe (Rom 1574; viele Auflagen), WALLIS (*De angulo contactus*, 1656; *A defense of the angle of contact*, 1684), HOBBES (*Examinatio et emendatio mathematicae hodiernae*, 1660) und V. LÉOTAUD (*Cyclomathia*, 1662) geführt wurden. Ebenfalls einem Grenzgebiete der Geometrie gehört LEIBNIZ' Gedanke einer »Geometria characteristica« an (Niederschrift 1679). LEIBNIZ wollte damit geometrische Sätze und Beweise in symbolischer Weise darstellen. In seinem Nachlaß wurde noch ein Aufsatz *Mathesis universalis* gefunden, der auf dieselbe Idee Bezug hat. LEIBNIZ' Überlegungen haben einige Beziehungen zur heutigen »Analysis situs«. Letzterer Name stammt auch von LEIB-

NIZ, der ihn in einem Briefe an HUYGENS vom 8. IX. 1679 andeutete. Es sei gleich hier hinzu gefügt, daß in unserem Zeitraum nur noch EULER einen Beitrag zur »Geometria situs« lieferte, indem er in den Comm. Ac. Petrop. 1736 (1741) eine sog. Brückenaufgabe, die zu den mathematischen Unterhaltungen gehört, löste.

Wir kommen nun wieder auf Einzeluntersuchungen zurück. Eine Reihe von neuen und eigenartigen Sätzen, zum Teil ohne Beweis, teilte M. STEWART mit in seiner Schrift *Some general theorems* etc. (Edinburg 1746). Dort gab er u. a. einen Beweis des häufig nach ihm benannten Satzes, daß, wenn A, B, C drei Punkte einer Geraden sind und D ein beliebiger anderer Punkt ist, immer

$$AD^2 \cdot BC + BD^2 \cdot AC = AB \cdot AC \cdot BC + CD^2 \cdot AB.$$

Dieser Satz war ihm nämlich schon von seinem Lehrer R. SIMSON mitgeteilt worden, der ihn allerdings erst in den Ebenen Örtern des APOLLONIUS (Glasgow 1749) veröffentlichte. Auch die *Select Exercises for young Proficients in the Mathematics* (London 1752) von THOMAS SIMPSON seien wenigstens erwähnt. PH. NAUDÉ der Jüngere veröffentlichte in den Misc. Berol. 1737 und 1743 zwei Abhandlungen über »Trigonoskopie«, worunter er gewisse Dreieckskonstruktionen verstand, z. B. die Aufgabe, ein Dreieck aus den drei Höhenfußpunkten zu konstruieren. Mannigfache Sätze wurden um jene Zeit in mehreren kleinen populären englischen Zeitschriften veröffentlicht. Darunter sei erwähnt, daß W. CHAPPLE in den Misc. Curiosa Math. (wohl 1746) die Entfernung des In- und Umkreises eines Dreiecks zu $\sqrt{R(R-2r)}$ angab. Dasselbe fand unabhängig EULER in den Nov. Comm. Ac. Petr. 1765 (1767). Eine Reihe von Beweisen zu alten und einigen neuen Sätzen teilte ferner EULER in einem Aufsatze der Nov. Comm. Ac. Petr. 1747/48 (1750) mit. Einer der neuen Sätze lautet, daß die Summe der Quadrate der vier Seiten eines Vierecks gleich ist der Summe der Quadrate der beiden Diagonalen plus dem vierfachen Quadrat der Verbindungslinie der Diagonalenmittelpunkte.

Daß man sich schon im 17. Jahrhundert (meist aus praktischen, geodätischen Gesichtspunkten heraus) mit der Verwandlung und Teilung von Figuren befaßte, lehrt die

Géometrie von S. Marolois (Arnheim 1616; deutsch Ambsterdam 1618). Alle Teilungsaufgaben für Vielecke, bis zu den schwierigsten, hat auch schon W. Oughtred, wenn auch noch in etwas altertümlicher algebraisch-geometrischer Weise gelöst (veröff. erst aus dem Nachlaß in den *Opusc. math. hactenus inedita*, Oxonii 1677). Ein Buch von Chr. H. Wilke *Neue und erleichterte Methode* etc. *bes. vortheilhaft auf die Entscheidung derer Gränzstreitigkeiten* (Halle 1757), das aber auf einer nicht gedruckten Abhandlung von Tobias Mayer (vgl. Gött. Gel. Nachr. 1755, 1757) beruht, hat denselben Gegenstand zum Vorwurf. Bei der Lösung sollte nur ein Parallelenlineal benutzt werden (vgl. über Lambert S. 172). Die Teilung eines Dreiecks durch eine Gerade unter verschiedenen Bedingungen, hatten schon früher auch S. Le Clerc in seiner *Pratique de la géométrie* (Paris 1669) und Guisnée in der *Application de l'algèbre à la géométrie* (Paris 1705) gelehrt. Alle diese Verfasser, außer Oughtred, hatten Feldmeßabsichten. Das nämliche geht schon aus dem Titel hervor bei L. Mascheronis *Problemi per gli agrimensori* (Pavia 1793), worin viele Grundaufgaben allein mittels des Lineals gelöst werden. Eine kleine Literaturzusammenstellung zu dem Gegenstand gab J. T. Mayer d. J. im 3. Teil seiner vielgebrauchten *Praktischen Geometrie* (Göttingen 1777/83; 4. Aufl. 1814/18). Über die algebraisch-geometrische Behandlung von Aufgaben überhaupt s. o. S. 6. Eine sehr vollständige Zusammenstellung solcher, unter Berücksichtigung aller Vorgänger, bot J. Chr. Sturm in seiner *Mathesis enucleata* (Nürnberg 1689).

Läßt man ein regelmäßiges Vieleck auf einer Geraden (auf einem ihm kongruenten Vieleck) abrollen, so bilden die aufeinanderfolgenden Lagen einer bestimmten Ecke ein Vieleck vom 3fachen (5fachen) Flächeninhalt des gegebenen. Diesen Satz hatte, mit Ausdehnung auf die Fläche der Zykloide (Epizykloide), schon Maupertuis (Mém. Ac. Paris 1727 (1729)) gegeben. A. L. F. Meister erweiterte ihn in den Nov. Comm. Soc. Gotting. 1769/70 (1771) auf regelmäßige Sternvielecke, indem er gleichzeitig die allgemeinere Frage der Fläche von Figuren mit sich überschneidendem Umfang in großzügiger Weise anschnitt. Maupertuis gab a. a. O. auch eine Reihe von hübschen Sätzen über die Diagonalen regelmäßiger Vielecke, die zum Teil DE L'HOSPITAL zugeschrieben wurden.

Das ebene Apollonische Berührungsproblem (vgl. o. S. 169) wurde im 18. Jahrhundert öfters wieder vorgenommen, so von LAMBERT (Brief an G. J. v. HOLLAND vom Dez. 1768), EULER und FUSS (beide in Nov. Act. Ac. Petr. 1788 (1790)). Daß Höhenschnittpunkt, Schwerpunkt und Umkreismittelpunkt eines Dreiecks auf einer Geraden liegen, errechnete mit dem zugehörigen Abstandsverhältnis EULER (Nov. Comm. Petr. 1765 (1767)). Die schon von PAPPUS gestellte Aufgabe, einem Kreis ein Dreieck einzubeschreiben, dessen Seiten durch drei in einer Geraden liegende Punkte gehen, wurde 1742 von CRAMER auf drei beliebige Punkte erweitert und in dieser allgemeineren Form G. F. CASTILLON vorgelegt, der eine geometrische Lösung brachte (Nouv. Mém. Ac. Berlin 1776 (1779)). Gleich darauf lösten dieselbe Aufgabe LAGRANGE (ebenda), EULER und FUSS (Act. Ac. Petr. 1780 I (1783)) mit Übertragung auf den Raum, sowie LEXELL (Act. Ac. Petrop. 1780 II (1784). In der auf ein Vieleck erweiterten Form wurde die Aufgabe von A. GIORDANO und G. F. MALFATTI vollständig gelöst (Mem. mat.-fis. Soc. It. sc. 1788) und auf Grund dieser Arbeiten von S. LHUILIER (Nouv. Mém. Ac. Berl. 1796 (1799)). Wir erwähnen noch den Satz von W. WALLACE (Math. Repository Nr. VII, 1799), daß die Fußpunkte der von einem Punkte des Umkreises auf die drei Seiten eines Dreiecks gefällten Lote in einer Geraden liegen, der ganz zu Unrecht mit R. SIMSON in Beziehung gebracht wurde.

Ein eigenartiges, bedeutendes Werk auf elementarem Gebiete ist L. MASCHERONIS *La Geometria del compasso* (Pavia 1797), wo auch höhere Aufgaben wenigstens angenähert, alle Grundaufgaben aber genau, mit dem Zirkel allein zu konstruieren gelehrt wurde. Dazu bildet das Gegenstück der letzte Zusatz, den J. H. LAMBERT der 2. Auflage seiner *Freyen Perspektive* (Zürich 1774) „zum Beschlusse" beifügte und worinnen er die Lösung der Grundaufgaben mit dem Lineal allein, nötigenfalls unter Zugrundelegung eines samt Mittelpunkt fest gegebenen Kreises, durchführte.

Ein ganz neues Gebiet betrat A. J. LEXELL. Es ist

die Sphärik, soweit sie nicht einfache sphärische Trigonometrie ist, und es handelt sich dabei vor allem um Sätze, bei denen Kugelkleinkreise auftreten. Einen solchen Kreis erwies LEXELL z. B. als Ort der Spitze eines Kugeldreiecks mit gegebener Grundlinie und gegebener Fläche (Act. Ac. Petr. 1781, I (1784); s. a. ebd. 1782 I/II (1786)). Auf seinen Arbeiten bauten weiter N. FUSS und F. TH. SCHUBERT. Der erstere löste Dreieckskonstruktionen mit Maximal- und Minimalbedingungen (Nov. Act. Ac. Petrop. 1785 (1788)). SCHUBERT suchte den Ort für die Spitze eines Dreiecks, wenn bei fester Grundlinie das Verhältnis der Sinus (oder Kosinus) zweier Seiten und das der Sinus (oder Kosinus) der Seitenhälften konstant ist. Im ersten Falle ergibt sich eine Raumkurve vierter Ordnung (vgl. o. S. 90), im zweiten ein Kugelhauptkreis, im dritten und vierten Fall je ein Kugelkleinkreis.

§ 4. Die Anfänge der nicht-Euklidischen Geometrie.

Die in der EUKLIDschen Parallelenlehre liegenden Schwierigkeiten reizten schon früh die Geometer, das sog. fünfte Postulat zu beweisen. Diese Bemühungen liefen aber zunächst alle darauf hinaus, daß es lediglich durch eine andere Forderung, die an versteckter Stelle auftrat, ersetzt wurde. Wir erwähnen die Versuche von CLAVIUS (*Euclidis Elementa*, Rom 1574 u. später), WALLIS (*De postulato quinto*, *Opera* II, Oxford 1693; verf. 1663), von BORELLI (*Euclides restitutus*, Pisa 1658), V. GIORDANO (*Euclide restituto*, Rom 1680) und N. DE MALÉZIEU (*Élémens de géométrie*, Paris 1705). Wesentlich weiter kam in logischer Hinsicht GIROLAMO SACCHERI in seinem Buche *Euclides ab omni naevo vindicatus* (Milano 1733). SACCHERI geht von einem Viereck $ABDC$ aus (vgl. Fig. 12), in welchem die Winkel bei A und B rechte Winkel sind und $AC = BD$ ist. Er zeigt durch Kongruenzen, daß dann $\sphericalangle C = \sphericalangle D$ sein muß und erörtert nun die drei Hypothesen, daß diese Winkel recht, stumpf oder spitz seien. Freilich kommt er noch nicht dazu, die drei Annahmen als gleichwertig zu betrachten, sondern er sucht die erste, die der Euklidischen Geometrie entspricht, als allein möglich hinzustellen. Aber er erkennt z. B. die Gleichwertigkeit der drei Hypothesen mit den drei Möglichkeiten, daß die Dreieckswinkelsumme gleich $2R$, $>2R$ oder $<2R$ sei, und auch was er sonst beibringt, zeigt ihn als scharfsinnigen Logiker.

Saccheris Arbeit wurde kaum beachtet. Die Versuche, das fünfte Postulat zu beweisen, dauerten aber in gesteigertem Maße fort. Wir weisen zuerst hin auf eine Abhandlung d'Alemberts über die Elemente der Geometrie (*Mélange de Litt., d'Hist. et de Phil.*, Nouv. éd. tome 5, Amsterdam 1759), die in dieser Hinsicht anregend wirkte und auf die Dissertation von G. S. Klügel und A. G. Kästner (Göttingen 1763) *Conatuum praecipuorum theoriam parallelarum*

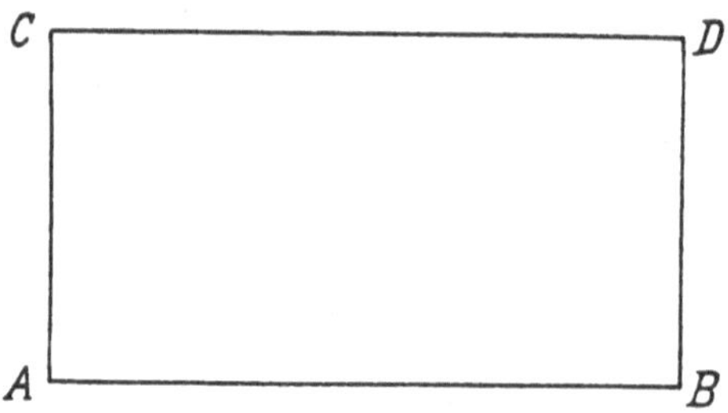

Fig. 12.

demonstrandi recensio, die eine Kritik von 30 der Parallelenlehre gewidmeten Arbeiten enthielt.

Einen ernsthaften Beweis, der erst in den letzten Jahrzehnten des 19. Jahrhunderts aus den Elementarbüchern wieder verschwand, versuchte L. Bertrand im 2. Bande seines schon erwähnten Lehrbuches (s. S. 166). Sein Grundgedanke war, daß jeder Winkelraum ein endlicher Teil der ganzen Ebene ist, während ein Parallelstreifen unendlich oft in ihr aufgeht. Also könne (s. Fig. 13) der Winkelraum MLC bei genügender Verlängerung der Geraden nicht ein Teil des Streifens $MLKA$ sein. Dieser Beweis ist schon grundsätzlich nicht zulässig wegen der Verwendung von nicht endlichen Größen, enthält aber andrerseits auch Voraussetzungen über die unendliche Erstreckung der Geraden.

Große Mühe gab sich auch A. M. Legendre in seinen *Éléments de géométrie* (s. o. S. 167) mit dem fünften Postulat.

Der erste Beweisversuch befriedigte ihn selbst nicht, und er brachte von der 2. Auflage (1799) an eine ganz andere Darstellung, indem er zu zeigen versuchte, daß die Dreieckswinkelsumme nicht größer und nicht kleiner als $2R$ sein könne. Der Beweis für die erste Behauptung wurde lange Zeit für völlig streng gehalten, weil man in der Annahme der unendlichen Fortsetzbarkeit der Geraden etwas Selbstverständliches sah. Von dem Beweis für die zweite Behauptung erklärte sich LEGENDRE später aber selbst nicht befriedigt.

Das Bedeutendste, was noch vor der Begründung der nicht-Euklidischen Geometrie durch JOH. BOLYAI (1832),

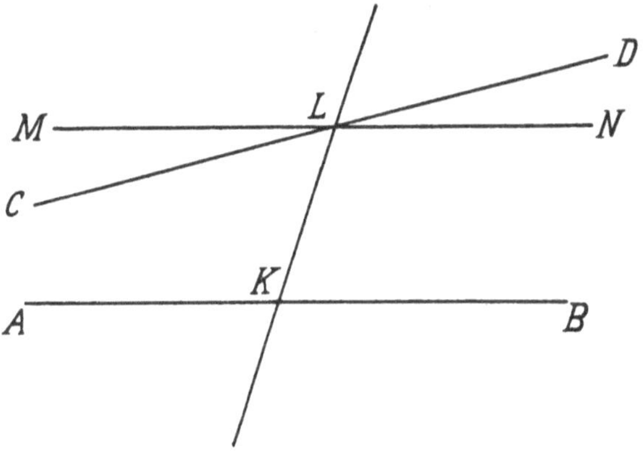

Fig. 13.

NIK. LOBATSCHEWSKIJ (1829—40) und GAUSS (von vor 1816 an; erst jüngst veröff.) in dieser Richtung geleistet wurde, ist J. H. LAMBERT zu danken. Verfaßt 1766, wurde LAMBERTS *Theorie der Parallellinien*, da sie dem Verfasser nicht durchweg gefallen hatte, erst nach seinem Tode in dem Mag. r. ang. Math. 1786 veröffentlicht. LAMBERT ging wie SACCHERI (S. 173), aber ohne daß er wie jener ein Stetigkeitspostulat voraussetzte, von einem Viereck $ABDC$ aus, in welchem $A = B = R$ angenommen war, setzte aber dann auch $\sphericalangle C = R$ und betrachtete die drei Hypothesen 1) $\sphericalangle D = R$, 2) $\sphericalangle D > R$, 3) $\sphericalangle D < R$. Die erste Hypothese erweist LAMBERT als mit dem EUKLIDschen fünften Postulat übereinstimmend, die zweite glaubt er „ad absurdum“ bringen zu können, bei der dritten aber macht er stillschweigend eine Annahme, die das fünfte Postulat voraussetzen würde. Dieser Fehler hinderte ihn aber nicht, im weiteren die Entdeckung zu machen, daß die Hypothesen 2) und 3) auf das Vorhandensein eines absoluten Längenmaßes führen würden und daß in diesen Fällen die Dreiecksflächen einmal dem Überschuß, das andremal dem Defekt der Dreieckswinkelsumme in bezug auf $2R$ proportional seien. Da er nun sah, daß die zweite Hypothese auf der Kugel verwirklicht war, sprach er sogar die Vermutung aus, es könnte die dritte Hypothese bei einer imaginären Kugel statthaben. Das wurde allerdings erst im Jahre 1854 von B. Riemann wirklich bewiesen (s. Abh. Ges. Gött. 1866/67 (1868)).

LITERATUR-VERZEICHNIS.

Für das Ganze.

Zunächst sei wieder (vgl. II1, 237) auf die Werke von M. Cantor, H. G. Zeuthen, J. Tropfke (neue, sehr vermehrte und verbesserte Auflage im Druck), C. I. Gerhardt und S. Günther (Kap. I über Sternvielecke und Sternvielflache) aufmerksam gemacht.

In der Sammlung „Ostwalds Klassiker der exakten Wissenschaften" sind folgende hier einschlägige Neuausgaben erschienen:

A. Wangerin. J. H. Lambert, Anmerkungen und Zusätze zur Entwerfung der Land- und Himmelskarten (1772). Nr. 54. Leipzig 1894.

A. Wangerin. Lagrange und Gauß, Kartenprojektion (1779 u. 1822). Nr. 55. Leipzig 1894.

E. Hammer. Leonhard Euler, Zwei Abhandlungen über sphärische Trigonometrie usw. (1753 u. 1779). Nr. 73. Leipzig 1896.

R. Haußner. Leonhard Euler, Drei Abhandlungen über Kartenprojektion (1777). Nr. 93. Leipzig 1898.

R. Haußner. Gaspard Monge, Darstellende Geometrie (1798). Nr. 117. Leipzig 1900.

G. Kowalewski. J. Bernoulli, Über unendliche Reihen (1689 bis 1704). Nr. 171. Leipzig 1909.

A. Heckscher u. A. v. Öttingen. Chr. Huygens, Die Pendeluhr. Nr. 192. Leipzig 1913.

G. Kowalewski. [Joh.] Bernoulli, Die erste Integralrechnung. Nr. 194. Leipzig 1914.

Wir verweisen ferner auf die Hefte der

Encyclopédie des sciences mathématiques. Paris und Leipzig 1904 ff.,

von der für das Gebiet dieses Bandes die folgenden Artikel vorliegen:

(Tome III, volume 1) Principes de la géométrie, von F. Enriques. — Les notions de ligne et de surface, von H. von Mangoldt-L. Zoretti.

(Tome III, volume 2) Géométrie projective, von A. Schoenflies-A. Tresse.

(Tome III, volume 3) Coniques, von F. Dingeldey-E. Fabry. — Théorie générale des courbes planes algébriques, von L. Berzolari.
(Tome III, volume 4) Quadriques, von O. Staude-A. Grévy.

Für die Lebensumstände der Mathematiker sehe man das Poggendorffsche Handwörterbuch und das in 3. Aufl. 1912 selbständig erschienene Gedenktagebuch für Mathematiker von F. Müller.

Die zur Geschichte der Mathematik gehörige Hülfsliteratur gibt in möglichster Vollständigkeit

G. Loria. Guida allo studio della storia delle matematiche. Milano 1916.

Die hauptsächlichsten Gesammelten Werke und selbständig erschienenen Briefwechsel sind die folgenden:

Apollonius Pergaeus. Quae graece exstant. Ed. J. L. Heiberg. 2 Bde. Leipzig 1890—93.
Archimedes. Opera omnia. Ed. J. L. Heiberg. 3 Bde. 2. Aufl. Leipzig 1910—15.
Jak. Bernoulli. Opera. 2 Bde. Genevae 1744.
Joh. Bernoulli. Opera omnia. 4 Bde. Lausannae et Genevae 1742.
Boetius. De institutione arithmetica. Ed. G. Friedlein. Leipzig 1867.
H. Cardano. Opera omnia. 10 Bde. Lugd. Bat. 1663. (Die Mathematik vor allem in Band IV.)
G. Desargues. Œuvres revues et analysées par Poudra. 2 Bde. Paris 1864.
R. Descartes. Œuvres complètes. Éd. Ch. Adam et P. Tannery. 12 Bde. Paris 1897—1910. (Die Geometrie und Dioptrik in Band VI.)
Diophant. Opera omnia. Ed. P. Tannery. 2 Bde. Leipzig 1893, 1895.
Euklid. Opera omnia. Ed. J. L. Heiberg et H. Menge. Zunächst 7 Bde. Leipzig 1883—96.
L. Euler. Opera omnia. Ed. F. Rudio, A. Krazer, P. Stäckel. Leipzig 1911 f. (Erst einige Bände erschienen.)
G. C. Fagnano. Opere matematiche. 3 Bde. Rom 1912.
P. Fermat. Œuvres. Éd. P. Tannery et Ch. Henry. 4 Bde. Paris 1891—1912. (Die Hauptwerke in Bd. I, Übersetzung in Bd. III.)
G. Galilei. Opere. Edizione nazionale. Ed. A. Favaro. 20 Bde. Florenz 1888—1909.
Gerbert. Opera mathematica. Ed. N. Bubnow. Berlin 1897.
Heron. Opera quae supersunt omnia. Ed. W. Schmidt, L. Nix, H. Schöne, J. L. Heiberg. Zunächst 5 Bde. Leipzig 1899—1914.
Chr. Huygens. Œuvres complètes. Bis jetzt 13 Bde. La Haye 1887—1916. (Von Bd. XI an mathematische Werke, vorher Briefwechsel.)

Joh. Kepler. Opera omnia. Ed. Chr. Frisch. 7 Bde. Frankfurt u. Erlangen 1858—71.
J. L. Lagrange. Œuvres. Éd. J. A. Serret et G. Darboux. 14 Bde. Paris 1867—92.
P. S. Laplace. Œuvres complètes. 13 Bde. Paris 1878—1904.
G. W. Leibniz. Mathematische Schriften. Herausgeg. von C. I. Gerhardt. 7 Bde. m. Suppl. Halle a. S. 1849—63.
— Opuscules et fragments inédits. Éd. L. Couturat. Paris 1903.
Is. Newton. Opera quae exstant omnia. Ed. S. Horsley. 5 Bde. Londini 1779—85.
Pappus. Collectionis quae supersunt. Ed. Fr. Hultsch. 3 Bde. Berlin 1876—78.
Bl. Pascal. Œuvres publ. par L. Brunschwicg, P. Boutroux et F. Gazier. 14 Bde. Paris 1908—14.
J. Riccati. Opere. 4 Bde. Lucca 1761—65.
S. Stevin. Les Œuvres mathématiques. Leyde 1634.
Theon Smyrnaeus. Expositio rerum mathematicarum etc. Edid. Ed. Hiller. Leipzig 1878.
E. Torricelli. Opere. Ed. G. Loria e G. Vassura. 2 Bde. Faenza 1919.
F. Vieta. Opera mathematica. Ed. F. Schooten. Lugd. Bat. 1646.
J. Wallis. Opera mathematica. 3 Bde. Oxoniae 1695, 1693, 1699.

J. F. Biot et F. Lefort. Commercium epistolicum J. Collins et aliorum de analysi promota, etc. (Orig. 1712 u. 1722.) Paris 1856.

Wichtigste Quelle zur Erfindung der Infinitesimalrechnung.

G. G. Leibniz et Joh. Bernoulli. Commercium philosophicum et mathematicum, von 1694—1716. 2 Bde. Lausannae et Genevae 1745.
C. I. Gerhardt. Der Briefwechsel von G. W. Leibniz mit Mathematikern. Bd. I (nicht mehr erschienen). Berlin 1898.
S. P. Rigaud. Correspondence of scientific men of the 17th century. Ed. S. J. Rigaud. 2 Bde. Oxford 1841.
J. Edleston. Correspondence of Isaac Newton and Cotes etc. London 1850.
J. H. Lambert. Deutscher gelehrter Briefwechsel. Herausgeg. von J. Bernoulli. 5 Bde. Berlin 1781—84.
P. H. Fuß. Correspondance math. et phys. de quelques célèbres géomètres du 18ème siècle. St. Petersburg 1843.

Zum ersten Kapitel.

(Anal. Geom. der Ebene.)

P. van Geer. Johan de Witt als wiskundige. Nieuw Arch. Wisk. Genoots. Amsterdam (2) **11**, 1914, S. 98—126.
G. Loria. Pour une histoire de la géométrie analytique. Verh. 3. Int. Math.-Kongr. Heidelberg (1904). Leipzig 1905. S. 562—574.

W. Weinreich. Die Fadenzeichnung der Hyperbel mit Bemerkungen über die Gärtnerkonstruktion der Ellipse. Jahresber. Dtsch. Math.-Ver. **26**, 1918, S. 284—291.
H. Wieleitner. Marino Ghetaldi und die Anfänge der Koordinatengeometrie. Bibl. math. (3) **13**, 1912/13, S. 242—247.
H. Wieleitner Über zwei algebraische Einleitungen zu Descartes' „Géométrie". Blätter [bayer.] Gymn.-Schulw. **49**, 1913, S. 299—313.
H. Wieleitner. Zur Erfindung der analytischen Geometrie. Zeitschr. math. nat. Unt. **47**, 1916, S. 414—426.
H. Wieleitner. Der „Tractatus de latitudinibus formarum" des Oresme. Bibl. math. (3) **13**, 1912/13, S. 115—145.
H. Wieleitner. Über den Funktionsbegriff und die graphische Darstellung bei Oresme. Bibl. math. (3) **14**, 1913/14, S. 193 bis 243.

Zum zweiten Kapitel.

(Anal. Raumgeometrie u. Flächen.)

H. Wieleitner. Die Anfänge der analytischen Raumgeometrie. Zeitschr. math. nat. Unt. **49**, 1918, S. 73—79.

Zum dritten Kapitel.

(Höhere Kurven im allgemeinen.)

A. v. Braunmühl. Historische Studie über die organische Erzeugung ebener Curven von den ältesten Zeiten bis zum Ende des achtzehnten Jahrhunderts. Katalog math. u. math.-phys. Modelle usw. herausgeg. v. W. Dyck. München 1892. S. 54—88.
A. Brill und M. Nöther. Die Entwicklung der Theorie der algebraischen Funktionen in älterer und neuerer Zeit. Jhrsb. Dtsch. Math.-Ver. **3**, 1892/94.
É. Turrière. La notion de transcendance géométrique chez Descartes et Leibniz. L'interscendance leibnizienne et l'hypertranscendance. Isis, Bd. 2, 1914, S. 106—124.
H. Wieleitner. Zwei Bemerkungen zu Stirlings „Lineae tertii ordinis Neutonianae". Bibl. math. (3) **14**, 1913/14, S. 55—62.

Zum vierten Kapitel.

(Spezielle Kurven.)

G. Loria. Spezielle algebraische und transzendente ebene Kurven. Theorie und Geschichte. Deutsch von F. Schütte. 2. Aufl. 2 Bde. Leipzig 1910/11.
Frieda (Hahn-)Nugel. Die Schraubenlinien. Diss. Halle 1912. Mit genauen Literaturangaben und Berücksichtigung der Geschichte.
F. Gomes Teixeira. Traité des courbes spéciales remarquables planes et gauches. I/II, III Coïmbre 1908/09, 1915 (= Obras IV/V, VII).

Zum fünften Kapitel.

(Differentialgeometrie.)

G. Eneström. Sur la découverte de l'équation générale des lignes géodésiques. Bibl. math. (2) **13**, 1899, S. 19—24.

Franz Joh. Müller. Studien zur Geschichte der theoretischen Geodäsie. Augsburg, Selbstverlag (Rosenaustr. 38), 1918.

P. Stäckel. Bemerkungen zur Geschichte der geodätischen Linien. Ber. Ges. Wiss. Leipz. (math.-phys. Kl.) **45**, 1893, S. 444—467.

Zum sechsten Kapitel.

(Perspektive und darst. Geometrie.)

G. Loria. Perspektive und darstellende Geometrie. In Cantor IV, S. 577—637.

E. Panofsky. Dürers Kunsttheorie. Berlin 1915.

N. G. Poudra. Histoire de la perspective ancienne et moderne. Paris 1864.

H. Schuritz. Die Perspektive in der Kunst Dürers. Diss. Techn. Hochschule Darmstadt [1916]. Frankfurt/M. 1919.

H. Wieleitner. Die Behandlung der Perspektive durch Murdoch. Bibl. math. (3) **14**, 1913/14, S. 320—335.

H. Wieleitner. Zur Erfindung der verschiedenen Distanzkonstruktionen in der malerischen Perspektive. Repert. für Kunstwiss. **42**, 1920, S. 249—262.

Chr. Wiener. Lehrbuch der darstellenden Geometrie. I. Bd. Leipzig 1884.

Enthält S. 5—61 eine etwas veraltete „Geschichte der darstellenden Geometrie".

Zum siebenten Kapitel.

(Die Anfänge der projektiven Geometrie.)

F. Amodeo. I trattati delle sezioni coniche da Apollonio a Simson. Ann. R. Ist. tecn. Napoli 1905, S. 19—69.

F. Amodeo. Nuova analisi del trattato delle coniche di Gérard Desargues etc. Rend. R. Acc. Sc. Fis. e. Mat. Napoli (3) **12**, 1906, S. 232—262.

M. Chasles. Aperçu historique sur l'origine et le développement des méthodes en géométrie etc. Brüssel 1837. Dtsch. von L. A. Sohncke, Geschichte der Geometrie usw., Halle 1839.

St. Chrzaszczewski (= St. Haller). Desargues' Verdienste um die Begründung der projectivischen Geometrie. Arch. Math. Phys. (2) **16**, 1898, S. 119—149.

E. Kötter. Die Entwicklung der synthetischen Geometrie von Monge bis auf Staudt (1847). Jahresb. Dtsch. Math.-Ver. **5**, 1901.

H. Wieleitner. Über die „Plani-coniques" von de La Hire. Arch. Gesch. Nat. u. Techn. **5**, 1913, S. 49—55.

H. Wieleitner. Über die ursprüngliche Form des Pascalschen Lehrsatzes. Mitt. Gesch. Med. u. Naturw. **14**, 1915, S. 157 bis 162.

Zum achten Kapitel.

(Trigonometrie.)

A. v. Braunmühl. Die Entwicklung der Zeichen- und Formelsprache in der Trigonometrie. Bibl. math. (3) **1**, 1900, S. 64—74.

A. v. Braunmühl. Zur Geschichte der Entstehung des sogenannten Moivreschen Satzes. Bibl. math. (3) **2**, 1901, S. 97—102.

A. v. Braunmühl. Zur Geschichte der Trigonometrie im 18. Jahrhundert. a) Die sogenannten Mollweideschen Gleichungen. b) Graphische Ableitung der Hauptsätze der sphärischen Trigonometrie. Bibl. math. (3) **2**, 1901, S. 103—110.

A. v. Braunmühl. Vorlesungen über Geschichte der Trigonometrie. 2 Bde. Leipzig 1900, 1903.

A. v. Braunmühl. Trigonometrie. Polygonometrie. Tafeln. In Cantor IV, S. 403—450.

Zum neunten Kapitel.

(Elementargeometrie.)

V. Bobynin. Elementare Geometrie. In Cantor IV, S. 319 bis 402.

K. Bopp. Antoine Arnauld, der große Arnauld, als Mathematiker. Abh. Gesch. math. Wiss., **14**, 1902, S. 187—337.

M. Brückner. Vielecke und Vielflache. Theorie und Geschichte. Leipzig, B. G. Teubner, 1900. VIII u. 227 S. gr. 4°. m. 12 Tfln.

P. Stäckel und F. Engel. Die Theorie der Parallellinien von Euklid bis auf Gauß. Eine Urkundensammlung zur Vorgeschichte der nichteuklidischen Geometrie. Leipzig, B. G. Teubner, 1895. X u. 325 S. gr. 8°.

H. Wieleitner. Die „Elemens de Geometrie“ des Paters J. G. Pardies. Arch. f. Gesch. der Naturw. u. d. Technik **1**, 1909, S. 436—442 (= Festschr. M. Cantor gewidmet, S. 144—150).

Berichtigungen und Zusätze.

Die folgenden Bemerkungen mögen nicht als planmäßige Verbesserungen aufgefaßt werden.

Zu Band I.

S. 41. Das arithmetische Dreieck, schon vorher im Abendland bekannt, wurde im Druck erstmalig auf dem Titelblatt des Rechenbuches von Peter Apian (Ingolstadt 1527) veröffentlicht. In etwas anderer Anordnung bringt es auch M. STIFEL in der *Arithmetica integra*, Nürnberg 1544 (vgl. I, 346 u. II1, 93).

S. 176f. Zahlreiche neuere Arbeiten von G. R. KAYE, die die Selbständigkeit der indischen Mathematik, einschließlich der Erfindung des Positionssystems, sehr in Frage stellen, sind zusammenfassend besprochen von H. WIELEITNER, Unterr.-Bl. Math. Naturw. **25**, 1919, S. 56—61.

S. 201f. Die Algebra des ALCHWÂRAZMÎ wurde von Grund aus neu behandelt durch J. RUSKA, Stzgsber. Heidelb. Ak. Wiss. (philos.-hist. Kl.) Jahrg. 1917, **2**. Abhandl. (125 S.). Vgl. dazu die Besprechung durch H. SUTER, Arch. Math. Phys. (3) **28**, 1919, S. 55—61 und den Bericht von H. WIELEITNER, Unterr.-Bl. Math. Naturw. **24**, 1918, S. 8—10.

S. 284. Schon auf N. ORESME ist die Summierung verschiedener unendlicher Reihen zurückführbar, die dann besonders von ALVARUS THOMAS in seinem *Liber de triplici motu* (Paris 1509) ausgebaut wurde. Der Ursprung dieser Lehre ist unbekannt. S. einen Aufsatz von H. WIELEITNER, Bibl. math. (3) **14**, 1913/14, S. 150—168. Im übrigen s. Bd. II2, S. 45/46 und die zugehörige Literatur.

S. 312. In der *Divina proportione* gibt PACIOLI jedenfalls nur Lehren des PIERO DE' FRANCESCHI wieder, dessen Schrift über die regulären Körper er in italienischer Übersetzung, ohne PIERO zu nennen, seinem Werk anfügte. Vgl. G. MANCINI, *L'opera „De corporibus regularibus" di Pietro Franceschi detto Della Francesca, usurpata da fra Luca Pacioli.* Acc. Lincei, sc. mor. (5) **14**, 1915, S. 441—580. Mit 12 Tafeln.

S. 347. Die Verdienste CATALDIS hat neuerdings in helles Licht gestellt E. BORTOLOTTI, in mehreren Aufsätzen des Bollettino della »Mathesis« **11**, 1919. SCHWENTER kommt als Erfinder der Kettenbrüche nicht in Frage. Doch ist die Bemerkung auf S. 352 richtig.

Zu Band II1.

S. 1, Z 2 v. u. E. HALLEY ist zu streichen. Vgl. H. WIELEITNER, Z. math. nat. Unterr. **51**, 1920, S. 146/48.

S. 4, Z. 9 u. 14 v. o. setze $2C$, $3C$ bzw. $C1$, $C2$ statt ${}_2C$, ${}_3C$ und C_1, C_2.

S. 9, Z. 3 v. u. lies Logarithmengesetze statt Potenzgesetze.

S. 32. Über die Indexbezeichnung bei LEIBNIZ s. D. MAHNKE in Bibl. math. (3) **13**, 1912/13, S. 250—260.

S. 35 u. 46. Vgl. G. JUNGE, *Zur Hauptaufgabe der symmetrischen Funktionen*, I.-Diss. Gießen 1917, und die Besprechung dazu von P. STÄCKEL im Jahresb. Dtsch. Math.-Ver. **26**, 1918, S. 76—79.

S. 104, Z. 24—27. Es werden in der fraglichen Abhandlung Funktionen, insbesondere Binomialkoeffizienten, die zu sehr großen Exponenten gehören und in der Wahrscheinlichkeitsrechnung auftreten, näherungsweise bestimmt.

S. 124f. Über unendliche Reihen bei P. Mengoli, *Novae quadraturae arithmeticae* (Bononiae 1650), insbes. den Beweis der Divergenz von $\frac{1}{2}+\frac{1}{3}+\frac{1}{4}+\frac{1}{5}+\ldots$ s. einen Aufsatz von G. Eneström, Bibl. math. (3) **12**, 1911/12, S. 135—145. Auch logarithmische Reihen hat Mengoli schon in seinem Buche *Geometria speciosa* (Bon. 1659) in gewisser Form aufgestellt. Vgl. G. Vacca, Rend. Acc. Linc. (fis. mat.) Rom **24**, ser. 5a, 1916, S. 617/20.

S. 231. J. Faulhaber hat in der *Academia Algebrae* (Ulm 1631) die Potenzsummen der ganzen Zahlen bis zu Σn^{17}, und damit auch die ersten 8 Bernoullischen Zahlen angegeben.

Zu Band II 2.

S. 10. Die Bemerkung, daß negative Gleichungslösungen in der Geometrie entgegengesetzt zu den positiven aufzutragen sind, kommt bestimmt schon in A. Girards *Invention nouvelle en l'algèbre* (Amsterdam 1629; vgl. I, 360) vor, ist aber im Grunde älter.

S. 38, Z. 19 lies deren statt dessen.

S. 44, Z. 5 lies Geraden statt Graden.

S. 46. Eine wirkliche graphische Darstellung und zwar die des täglichen Luftdrucks für das Jahr 1684, hat wohl zum erstenmal (in treppenförmig punktierter Linie) R. Plot auf Anregung von M. Lister gegeben (Phil. Trans. 1685).

S. 77, Z. 9 lies *Instituzioni* statt *Istituzioni*.

S. 80. Der Ausdruck »Polargleichung« (»aequatio polaris«) kommt bereits bei W. Krafft (Comm. Ac. Petr. 1732/33 (1738)) vor.

S. 102, Z. 6 v. u. lies „Surfaces courbes" statt Surf. „courbes".

S. 164, Z. 3 v. u. lies im 3. Buch von statt in.

S. 169, Z. 3 lies gekannten statt bekannten.

NAMEN-INDEX.

SACHVERZEICHNIS

FÜR DAS GANZE WERK.

VEREINIGUNG WISSENSCHAFTLICHER VERLEGER
WALTER DE GRUYTER & CO., VORMALS
G. J. GÖSCHEN'SCHE VERLAGSHANDLUNG
J. GUTTENTAG, VERLAGSBUCHHANDLUNG
GEORG REIMER / KARL J. TRÜBNER / VEIT & COMP.
BERLIN W 10 UND LEIPZIG

FSC
www.fsc.org
MIX
Papier | Fördert gute Waldnutzung
FSC® C083411

Kolibri 360 GmbH
Ferdinand-Jühlke-Straße 7
99095 Erfurt, Deutschland
produktsicherheit@kolibri360.de